上海市工程建设规范

建筑消能减震及隔震技术标准

Standard for building energy dissipation and isolation design

DG/TJ 08—2326—2020
J 15292—2020

主编单位：同济大学
上海市金属结构行业协会
上海现代建筑设计（集团）有限公司
批准部门：上海市住房和城乡建设管理委员会
施行日期：2021 年 1 月 1 日

同济大学出版社

2020　上海

图书在版编目(CIP)数据

建筑消能减震及隔震技术标准/同济大学，上海市金属结构行业协会，上海现代建筑设计(集团)有限公司主编. —上海：同济大学出版社，2020.12

ISBN 978-7-5608-9556-7

Ⅰ. ① 建… Ⅱ. ①同… ②上… ③上… Ⅲ. ①建筑结构-抗震结构-技术标准 Ⅳ. ①TU973-65

中国版本图书馆 CIP 数据核字(2020)第 205238 号

建筑消能减震及隔震技术标准

同济大学
上海市金属结构行业协会　　主编
上海现代建筑设计(集团)有限公司

策划编辑　张平官
责任编辑　朱　勇
责任校对　徐春莲
封面设计　陈益平

出版发行　同济大学出版社　　www.tongjipress.com.cn
(地址：上海市四平路 1239 号　邮编：200092　电话：021－65985622)
经　　销　全国各地新华书店
印　　刷　江苏凤凰数码印务有限公司
开　　本　889mm×1194mm　1/32
印　　张　7.25
字　　数　195 000
版　　次　2020 年 12 月第 1 版
印　　次　2024 年 3 月第 2 次印刷
书　　号　ISBN 978-7-5608-9556-7
定　　价　65.00 元

上海市住房和城乡建设管理委员会文件

沪建标定〔2020〕422 号

上海市住房和城乡建设管理委员会
关于批准《建筑消能减震及隔震技术标准》
为上海市工程建设规范的通知

各有关单位：

由同济大学、上海市金属结构行业协会和上海现代建筑设计(集团)有限公司主编的《建筑消能减震及隔震技术标准》，经我委审核，现批准为上海市工程建设规范，统一编号为 DG/TJ 08—2326—2020，自 2021 年 1 月 1 日起实施。

本规范由上海市住房和城乡建设管理委员会负责管理，同济大学负责解释。

特此通知。

上海市住房和城乡建设管理委员会

二〇二〇年八月十三日

前 言

根据上海市住房和城乡建设管理委员会《关于印发〈2016年上海市工程建设规范编制计划〉的通知》(沪建管〔2015〕871号)的要求，由同济大学、上海市金属结构行业协会和上海现代建筑设计(集团)有限公司等单位共同编制完成了本标准。

本标准是在总结近些年国内外消能减震、隔震技术的工程应用和最新科研成果基础上，广泛征求业内人员意见，并结合现行国家标准《建筑抗震设计规范》GB 50011、现行行业标准《建筑消能减震技术规程》JGJ 297及现行上海市工程建设规范《建筑抗震设计规程》DGJ 08—9等编制而成的。

本标准共有13章，主要内容包括：总则；术语和符号；地震作用和作用效应计算；消能减震建筑一般要求；消能器的技术性能；消能减震结构设计；消能器和结构的连接与构造；消能部件的施工、验收和维护；隔震建筑一般要求；隔震支座的技术性能；隔震结构设计；隔震支座连接与构造；隔震部件安装施工、验收和维护。

各单位及相关人员在执行本标准过程中，如有意见和建议，请反馈至上海市住房和城乡建设管理委员会(地址：上海市大沽路100号；邮编：200003；E-mail：bzgl@zjw.sh.gov.cn)，同济大学土木工程学院结构防灾减灾工程系(原结构工程与防灾研究所)《建筑消能减震及隔震技术标准》编制组(地址：上海市四平路1239号同济大学土木大楼B409室；邮编：200092；E-mail：kexuhu@163.com)，或上海市建筑建材业市场管理总站(地址：上海市小木桥路683号；邮编：200032；E-mail：bzglk@zjw.sh.gov.cn)，以供今后修订时参考。

主 编 单 位:同济大学
上海市金属结构行业协会
上海现代建筑设计(集团)有限公司

参 编 单 位:上海市建筑学会隔震及消能减震技术中心
华东建筑设计研究院有限公司
上海建筑设计研究院有限公司
同济大学建筑设计研究院(集团)有限公司
中船第九设计研究院工程有限公司
华东都市建筑设计研究总院
上海市建筑科学研究院有限公司
上海材料研究所
上海宝钢钢构有限公司
上海蓝科建筑减震科技股份有限公司
上海力岱结构工程技术有限公司
上海市机械施工集团有限公司
上海路博橡胶减震器技术有限公司

主 要 起 草 人:吕西林 胡克旭 翁大根 周 颖 田 海
朱春明 孙飞飞 花炳灿 李国强 汪 洋
张 晖 张瑞甫 陈 鹏 陈清祥 周 锋
周建龙 胡大柱 施卫星 贺明玄 徐 斌
高承勇 梁学锋 巢 斯 蒋欢军 潘 琪
瞿 革

主 要 审 查 人:周国鸣 李亚明 贾 明 王平山 杜 刚
赵 昕 丁孙玮

上海市建筑建材业市场管理总站

目　次

Contents

1 总 则

1.0.1 为贯彻执行国家有关建筑工程防震减灾的法律法规，实行以预防为主的防震减灾方针，使建筑物采用消能减震、隔震技术后，提高建筑安全性，减轻建筑的地震破坏，避免人员伤亡和次生灾害，减小地震灾害产生的社会影响和经济损失，制定本标准。

1.0.2 本标准适用于本市新建建筑工程和既有建筑抗震加固工程采用消能减震及隔震技术的结构设计、施工、验收和维护。

1.0.3 按本标准设计与施工的消能减震建筑，除有特殊要求外，其基本抗震设防目标如下，必要时可采用抗震性能化设计目标。

1 当遭受低于本地区抗震设防烈度的多遇地震时，消能部件可发挥部分消能功能，主体结构不受损坏可继续使用。

2 当遭受相当于本地区抗震设防烈度的地震时，消能部件应充分发挥消能功能，主体结构的非主要构件可能发生损坏，但经一般修理或不需要修理仍可继续使用。

3 当遭受罕遇地震时，消能部件应发挥最大消能功能，主体结构不致倒塌或发生危及生命的严重破坏。

1.0.4 按本标准设计与施工的隔震建筑，除有特殊要求外，其基本抗震设防目标如下，必要时可采用抗震性能化设计目标。

1 当遭受相当于本地区抗震设防烈度的地震时，隔震建筑基本完好。

2 当遭受罕遇地震时，可能发生损坏，经修复后可继续使用。

1.0.5 消能减震、隔震建筑的结构构件、非结构构件和附属设备的使用功能有专门要求时，除满足基本设防目标外，尚应满足结构构件、非结构构件和附属设备的抗震性能设防要求。

1.0.6 采用消能减震技术加固时，主体结构抗震设防目标宜高于现行上海市工程建设规范《现有建筑抗震鉴定与加固规程》DGJ 08—81 的规定；既有建筑采用隔震技术加固时，主体结构抗震设防目标应根据建筑分类采用比现行上海市工程建设规范《现有建筑抗震鉴定与加固规程》DGJ 08—81 高一级的性能目标。

1.0.7 消能减震、隔震建筑的设计使用年限应按主体结构确定，隔震装置和消能部件设计在役寿命到限后应全面检测，抽样检测其组件材质的物理性能，按检测结果确认后续使用年限或置换。

1.0.8 消能减震、隔震建筑结构设计、施工、验收和维护除应符合本标准要求外，尚应符合国家、行业和本市现行有关标准的规定。

2 术语和符号

2.1 术 语

2.1.1 消能器 energy dissipation device or damper

又称阻尼器，是通过内部材料或构件的弹塑性或黏性滞回变形，或元件、构件间的摩擦等方式来耗散或吸收能量的装置。根据其耗能特点，可划分为位移相关型和速度相关型。

2.1.2 消能减震结构 energy dissipation structure

设置了消能器的结构。消能减震结构包括主体结构和消能部件。

2.1.3 位移相关型消能器 displacement dependent damper

消能器的耗能能力与消能器两端的相对位移相关，主要包括金属消能器、摩擦型消能器和屈曲约束支撑等。

2.1.4 速度相关型消能器 velocity dependence damper

消能器的耗能能力与消能器两端的相对速度有关，如黏滞消能器、黏弹性消能器等。

2.1.5 金属消能器 metal energy dissipation device(metallic yielding damper)

又称金属屈服型阻尼器，是利用金属元件或构件发生塑性滞回变形耗散能量的位移相关型减震装置。制作金属消能器的材料主要为钢材、铅或合金，其代号为 MYD。

2.1.6 摩擦消能器 friction energy dissipation device

又称摩擦阻尼器，由钢元件或构件、摩擦片和预压螺栓等组成，利用两个或两个以上元件或构件间相对位移时产生摩擦做功而耗散能量的减震装置，其代号为 FRD。

2.1.7 屈曲约束支撑 buckling-restrained brace

由核心单元、外约束单元等组成，利用核心单元抵抗地震作用中发生拉、压弹塑性滞回变形耗散能量的减震装置。其力学特性描述与其他金属屈服型消能器基本一致，区别在于其设计延性系数通常较小，其代号为 BRB。

2.1.8 黏滞消能器 viscous energy dissipation device(viscous fluid damper)

又称黏滞阻尼器，是以黏滞流体为阻尼介质的速度相关型减震(振)装置，一般由金属圆形缸体、活塞、导杆、阻尼通道以及黏滞流体介质和密封材料等部分组成，利用活塞在黏滞流体中运动，产生与活塞运动速度相关的阻尼力，耗散地震输入结构中能量的减震(振)装置，缸体内一般加有预压，其阻尼力与活塞运动速度呈非线性关系；其代号为 VFD。当其阻尼力与活塞运动速度呈线性关系时，又称油阻尼器；其代号为 OFD。

2.1.9 黏滞阻尼墙 viscous fluid wall

以黏滞流体为阻尼介质的速度相关型减震(振)装置，一般由墙形状的非封闭金属箱型容器、活动板块及黏滞流体介质等部分组成，利用板块在黏滞介质中运动，产生与活动板块速度相关的阻尼力，耗散地震输入结构中能量的减震(振)装置，其阻尼力与板块运动速度一般呈非线性关系；其代号为 VFW。

2.1.10 黏弹性消能器 visco-elastic energy dissipation device (visco-elastic damper)

又称黏弹性阻尼器，由黏弹性材料和约束层(钢板、或圆形、或矩形钢筒等)组成，利用黏弹性材料间产生的剪切或拉压滞回变形来耗散能量的减震(振)装置，其代号为 VED。

2.1.11 消能器设计使用年限 design working life of energy dissipation device

位移相关型或速度相关型消能器在正常使用和维护情况下

所具有的不丧失有效功能的期限。

2.1.12 消能器设计位移 design displacement of energy dissipation device

消能减震结构在罕遇地震作用下消能器两端的任意两个参考点发生的最大相对位移值，用 D_d 表示。

2.1.13 消能器设计速度 design velocity of energy dissipation device

消能减震结构在罕遇地震作用下速度型消能器两端的任意两个参考点发生的最大相对速度值，用 V_d 表示。

2.1.14 消能器极限位移 ultimate deformation of energy dissipation device

消能器能达到的最大变形量，用 D_u 表示，消能器的变形超过该值后认为消能器失去消能功能，通常取为设计位移 D_d 的 1.2 倍。

2.1.15 消能器极限速度 ultimate velocity of energy dissipation device

消能器能达到的最大速度值，用 V_u 表示。消能器的速度超过该值后认为消能器失去消能功能，通常取为设计速度 V_d 的 1.2 倍。

2.1.16 金属消能器或 BRB 滞回曲线 hysteretic curve of MYD or BRB

金属消能器或 BRB 在往复循环位移作用下得到的抗力-相对变形曲线族。

2.1.17 金属消能器或 BRB 骨架曲线 skeleton curve of MYD or BRB

金属消能器或 BRB 滞回曲线族上同向各级往复加载下的抗力最大值点依次相连得到的包络曲线。

2.1.18 金属消能器或 BRB 初始屈服位移 initial yield deformation of MYD or BRB

金属消能器或 BRB 首次屈服时对应受力方向相对变形值，

用 D_{y1} 表示。变形小于该值，阻尼器基本处于弹性工作状态，超过该值后将进入弹塑性工作状态。一般作为多线性骨架曲线斜率首次改变点对应变形值，也是等强硬化滞回模型首次屈服点变形值。

2.1.19 金属消能器或 BRB 初始屈服承载力 initial yield force of MYD or BRB

金属消能器或 BRB 首次屈服强度，即对应初始屈服位移 D_{y1} 时的屈服力，用 F_{y1} 表示。(D_{y1}，F_{y1}) 构成等强硬化滞回模型首次屈服点坐标，也是多线性骨架曲线斜率初次改变点坐标。

2.1.20 金属消能器或 BRB 滞回计算屈服位移 computational yield deformation of MYD or BRB for the hysteretic curve

消能器强度完全硬化后的滞回曲线与过原点的刚度斜线相交点位移坐标，用 D_{y2} 表示。用于描述消能器强度硬化特征，也是滞回曲线随动硬化模型的屈服点位移坐标。

2.1.21 金属消能器或 BRB 计算屈服承载力 computational yield force of MYD or BRB for the hysteretic curve

金属消能器或 BRB 发生全截面屈服，即滞回曲线上对应计算屈服位移 D_{y2} 时的屈服力，用 F_{y2} 表示。(D_{y2}，F_{y2}) 构成消能器随动模型滞回曲线计算屈服点坐标。

2.1.22 金属消能器或 BRB 设计承载力 design maximal damping force of MYD or BRB

金属消能器或 BRB 滞回曲线上对应设计位移 D_d 点处的屈服承载力，用 F_D 表示。

2.1.23 设计延性系数 design ductility factor of MYD or BRB

金属消能器或 BRB 的设计位移与计算屈服位移的比值，用 μ_d 表示，$\mu_d = D_d/D_{y2}$。

2.1.24 金属消能器或 BRB 弹性刚度 elastic stiffness of MYD

金属消能器或 BRB 屈服前的加载与卸载刚度，用 K_1 表示。金属消能器或 BRB 产品的试验室测试 K_1 值可取设计位移加载下滞回曲线的卸载刚度。

2.1.25 金属消能器或 BRB 滞回曲线屈服后刚度 post-yield stiffness of MYD or BRB for the hysteretic curve

金属消能器或 BRB 达到全截面屈服后的滞回曲线的第 2 刚度，用 K_{h2} 表示。

2.1.26 金属消能器或 BRB 骨架曲线屈服后刚度 post-yield stiffness of MYD or BRB for the skeleton curve

金属消能器或 BRB 骨架曲线用三段线性描述的第 2、第 3 刚度，分别用 K_{s2}、K_{s3} 表示。

2.1.27 消能部件 energy dissipation part

由消能器与连接消能器的支撑或连接件构成的组合体。

2.1.28 消能减震层 energy dissipation layer

布置消能部件的楼层。

2.1.29 附加有效阻尼比 additional damping ratio

消能减震结构往复运动时消能器耗能减小结构响应效果的等效阻尼估计，是考虑了各种不确定因素的有效阻尼比理论计算结果的折算值。

2.1.30 附加刚度 additional stiffness

消能减震结构往复运动时消能部件抗力附加给结构的刚度。

2.1.31 消能构件 energy dissipation member

特指具有一定弹塑性耗能能力尚达不到消能器性能指标的金属屈服型装置。

2.1.32 隔震建筑 isolated building

在建筑物中设置隔震装置而形成的结构体系。包括上部结构、隔震层、下部结构和基础。隔震房屋和隔震结构的定义与此相同。

2.1.33 隔震层 isolation layer

设置在被隔震的上部结构与下部结构或基础之间的全部隔震装置的总称。包括全部隔震支座、阻尼装置、抗风装置、限位装置、抗拉装置、附属装置及相关的支承或连接构件。

2.1.34 隔震层上部结构 superstructure above the isolation layer

隔震结构中位于隔震层以上的主体结构。

2.1.35 隔震层下部结构 sub-structure below the isolation layer

隔震结构中位于隔震层以下的主体结构，不包括基础。

2.1.36 隔震结构等效阻尼比 equivalent damping ratio of the isolated structure

隔震结构往复运动时，相对于隔震层（或隔震支座）某特定水平位移，与隔震层（或隔震支座）所耗散的能量相对应的阻尼比。

2.1.37 隔震结构等效刚度 equivalent stiffness of the isolated structure

隔震结构往复运动时，相对于隔震层（或隔震支座）某特定水平位移，隔震层（或隔震支座）所承受的荷载与相应位移的比值。其值可取荷载-位移曲线在对应位移点的割线刚度。

2.1.38 隔震结构阻尼装置 damping device of the isolated structure

设置在隔震层的吸收并耗散地震输入能量而使隔震层振动位移反应衰减的装置。

2.1.39 隔震结构抗风装置 wind-resistant device of the isolated structure

隔震结构中抵抗风荷载的装置。可以是隔震支座的组成部分，也可以单独设置。

2.1.40 隔震结构抗拉装置 tension-resistant device of the isolated structure

隔震结构中抵抗拉应力的装置。隔震支座出现拉应力时采用。

2.1.41 隔震结构限位装置 stopper of the isolated structure

限制隔震层在最不利状态下产生超过水平容许位移的装置。

2.1.42 支座摩阻力 frictional resistance

弹性滑板隔震支座和摩擦摆隔震支座的摩擦阻力。

2.1.43 橡胶隔震支座 laminated rubber bearing

在地震区，用于房屋、桥梁或其他结构隔震的橡胶支座，包括天然橡胶支座（LNR）、铅芯橡胶支座（LRB）、高阻尼橡胶支座（HDR）。

2.1.44 弹性滑板隔震支座 elastic slide bearing

由弹性材料与摩擦滑板组成的隔震支座，其代号为 ESB。

2.1.45 摩擦摆隔震支座 friction pendulum system

具有特定形状的固体块在弧面板中摩擦摆动的隔震支座，通过滑动界面摩擦消耗地震能量，其代号为 FPS。

2.1.46 弹簧隔震支座 spring isolator

具有隔离并衰减震动功能的钢制弹簧支撑元件，其代号为 SI。

2.1.47 底部剪力比 base shear ratio

设防烈度地震作用下，建筑结构隔震后与隔震前隔震层上部结构底部剪力之比值。

2.1.48 屋盖隔震 roof isolation

隔震层设置在建筑物顶层屋盖与柱顶之间的隔震形式。

2.1.49 天然橡胶隔震支座 linear natural rubber bearing

支座中的弹性材料为天然橡胶的橡胶隔震支座，其代号为 LNR。

2.1.50 铅芯橡胶隔震支座 lead rubber bearing

支座中含有铅芯的橡胶隔震支座，其代号为 LRB。

2.1.51 高阻尼橡胶隔震支座 high damping rubber bearing

支座中的弹性材料为高阻尼橡胶的橡胶隔震支座，其代号为 HDR。

2.2 符 号

2.2.1 作用和作用效应

G_{eq}，G_i—— 结构等效总重力荷载、集中于 i 质点的重力荷载代表值；

F_{ji}——j 振型 i 质点的水平地震作用标准值；

F_{xji}，F_{yji}，F_{rji}——分别为 j 振型 i 质点 x 方向、y 方向及转角方向的水平地震作用标准值；

S——地震作用效应与其他荷载效应的基本组合；

S_E——地震作用效应(弯矩、轴向力、剪力、应力和变形)；

S_k——作用、荷载标准值的效应；

V_{Eki}——结构第 i 层对应于水平地震作用标准值的楼层剪力；

N——轴向压力；

F_{Evk}——结构总竖向地震作用标准值。

2.2.2 结构参数

F_{sy}——设置消能部件的主体结构层间屈服剪力；

T_i——消能减震结构的第 i 阶振型周期；

ζ_1——主体结构阻尼比；

f_1——结构基频；

Δu_{sy}——设置消能部件的主体结构层间屈服位移；

T——减、隔震结构自振周期；

X_{ji}——位移振型坐标(j 振型 i 质点的 x 方向相对位移)；

Y_{ij}——位移振型坐标(j 振型 i 质点的 y 方向相对位移)；

φ_{ij}——转角振型坐标(j 振型 i 质点的转角方向相对位移)；

n——总数，如楼层数、质点数等；

W_s——结构在水平地震作用下的总应变能；

R——结构构件承载力；

Δu——结构层间位移；

$[\theta]$——楼层位移角限值。

2.2.3 消能器或隔震支座参数

K_1—— 沿消能方向消能器初始刚度；

F_D—— 金属消能器对应设计位移时的设计阻尼力；

D_d，D_u—— 分别为消能器的设计位移、极限位移；

K_d—— 沿消能方向消能器刚度或金属消能器的卸载刚度；

K_e—— 沿消能方向消能器等效刚度；

D_{y1}，F_{y1}—— 金属消能器的初始屈服位移与初始屈服力；

D_{y2}，F_{y2}—— 金属消能器的计算屈服位移与计算屈服力；

K_{h2}—— 金属消能器全截面屈服后的滞回曲线的屈服后刚度；

F_{s2}—— 金属消能器三线性骨架曲线上第 2 个屈服力；

K_b—— 支撑构件沿消能方向的刚度；

μ—— 消能器或支座滑移面摩擦系数；

n_f—— 传力摩擦面数；

W_{cj}—— 第 j 个消能部件在结构预期层间位移下往复循环一周所消耗的能量；

ζ_d—— 消能部件附加给结构的有效阻尼比；

u—— 沿消能方向消能器两端相对位移或隔震支座位移；

Δu_{py}—— 位移型消能部件在水平方向的屈服位移；

μ_d—— 延性系数，即位移型消能器屈服位移与计算屈服位移之比；

F_d—— 沿消能方向消能器阻尼力；

C_d—— 黏滞阻尼系数；

α—— 黏滞阻尼指数；

G—— 黏弹性消能器的表观剪切模量；

η_1—— 黏弹性消能器损耗因子；

K_u—— 黏弹性消能器的储能刚度；

S_1—— 橡胶隔震支座第一形状系数；

S_2—— 橡胶隔震支座第二形状系数；

K_v—— 隔震支座竖向压缩刚度；

K_h—— 隔震支座水平等效刚度；

h_{eq}—— 隔震支座等效阻尼比；

Q_d—— 隔震支座屈服力；

W_d—— 隔震支座每个加载循环消耗能量；

σ_0—— 隔震支座设计压应力；

γ_0—— 隔震支座设计剪应变。

2.2.4 计算系数

α—— 地震影响系数；

α_{max}—— 地震影响系数最大值；

α_{vmax}—— 竖向地震影响系数最大值；

γ—— 反应谱曲线下降段的衰减指数；

η—— 反应谱曲线的阻尼调整系数；

ζ—— 减震结构总阻尼比或隔震层阻尼力；

α_j—— j 振型周期的地震影响系数；

γ_j—— j 振型的参与系数；

γ_{tj}—— 计入扭转的 j 振型的参与系数；

ρ_{ij}—— j 振型与 i 振型的偶联系数；

γ_G，γ_E，γ_W—— 作用分项系数；

γ_{RE}—— 承载力抗震调整系数；

ψ—— 组合值系数；

λ—— 水平地震剪力系数。

3 地震作用和作用效应计算

3.1 一般规定

3.1.1 消能减震、隔震结构的地震作用，应符合下列规定：

1 一般情况下，应至少在结构的两个主轴方向分别计算水平地震作用，各方向的水平地震作用应由该方向抗侧力构件和消能部件共同承担。

2 有斜交抗侧力构件的结构，当相交角度大于15°时，应分别计算各抗侧力构件方向的水平地震作用。

3 质量和刚度分布明显不对称的结构，应计入双向水平地震作用下的扭转影响；其他情况，应允许采用调整地震作用效应的方法计入扭转影响。

4 8度时的大跨度和长悬臂结构，隔震的高层结构和对应于甲类抗震设防类别建筑应计算竖向地震作用。

3.1.2 计算地震作用时，建筑的重力荷载代表值应取结构和构配件自重标准值和各可变荷载组合值之和。各可变荷载的组合值系数，应按表3.1.2采用。

表 3.1.2 可变荷载的组合值系数

可变荷载种类	组合值系数
雪荷载	0.5
屋面积灰荷载	0.5
屋面活荷载	不计入
按实际情况计算的楼面活荷载	1.0

续表3.1.2

可变荷载种类		组合值系数
按等效均布荷载计算的楼面活荷载	藏书库、档案库	0.8
	其他民用建筑	0.5
起重机悬吊物重力	硬钩吊车	0.3
	软钩吊车	不计入

注：硬钩吊车的吊重较大时，组合值系数应按实际情况采用。

3.1.3 消能减震、隔震结构的地震作用效应计算，应采用下列方法：

1 计算模型应包括消能部件、隔震支座的力学参数，宜采用空间结构有限元模型。

2 当主体结构处于弹性工作状态，消能器、隔震支座处于线性工作状态时，可采用振型分解反应谱法、弹性时程分析法。

3 当主体结构处于弹性工作状态，消能器、隔震支座处于非线性工作状态时，可将消能器、隔震支座进行等效线性化，采用附加有效阻尼比和有效刚度的振型分解反应谱法、线性时程分析法；也可采用非线性时程分析法。

4 当主体结构进入弹塑性状态时，应采用静力弹塑性分析方法或非线性时程分析方法。

3.1.4 采用振型分解反应谱法分析时，宜采用时程分析法进行多遇地震下的补充计算。当取 3 组加速度时程曲线输入时，计算结果宜取时程分析法包络值和振型分解反应谱法的较大值；当取 7 组及以上的时程曲线时，计算结果可取时程分析法的平均值和振型分解反应谱法的较大值。

3.1.5 采用时程分析法分析时，应按建筑场地类别和设计地震分组选实际强震记录和人工模拟的加速度时程曲线，其中实际强震记录的反应谱宜从基本周期至整个衰减周期段与地震影响系数曲线进行幅值适配，每条记录在计算周期处适配谱值相对误差应控制在±10％以内。可采用现行上海市工程建设规范《建筑抗震设计规程》DGJ 08—9 列出的时程曲线，其加速度时程的最大值可按表 3.1.5 采用。

表 3.1.5　时程分析所用地震加速度时程的最大值(cm/s^2)

地震影响	6 度	7 度	8 度
多遇地震	18	35	70
设防地震	50	100	200
罕遇地震	113	200	360

3.1.6　地震作用计算的地震影响系数曲线(图 3.1.6)的形状参数应按多遇地震、设防地震、罕遇地震取不同值。

1　除有专门规定外，建筑结构的阻尼比应取 0.05，地震影响系数曲线的阻尼调整系数应按 1.0 采用，形状参数应符合下列规定：

1) 直线上升段，周期小于 0.1 s 的区段；

2) 水平段，自 0.1 s 至特征周期区段，应取最大值 α_{max}；

3) 曲线下降段，自特征周期至 10 s 区段，衰减指数应取 0.9。

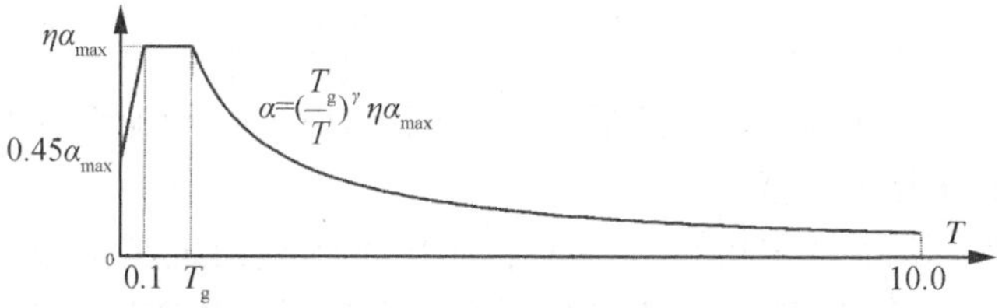

α— 地震影响系数；α_{max}— 地震影响系数最大值；γ— 衰减指数；
η— 阻尼调整系数；T_g— 设计特征周期；T —结构自振周期

图 3.1.6　地震影响系数曲线

2　当建筑结构阻尼比按有关规定不等于 0.05 时，其地震影响系数曲线的阻尼调整系数和形状参数应符合下列要求：

1) 曲线下降段的衰减指数应按式(3.1.6-1)确定：

$$\gamma=0.9+(0.05-\zeta)/(0.3+6\zeta) \qquad (3.1.6\text{-}1)$$

式中：γ—— 曲线下降段的衰减指数；

ζ—— 阻尼比。

2）阻尼调整系数应按式(3.1.6-2)确定：

$$\eta = 1.0 + (0.05 - \zeta)/(0.08 + 1.6\zeta) \quad (3.1.6\text{-}2)$$

式中：η——阻尼调整系数，当小于0.55时，应取0.55。

3.1.7 多遇地震和设防地震时，Ⅲ类场地的地震影响曲线设计特征周期取为0.65 s，Ⅳ类场地的地震影响曲线设计特征周期取为0.9 s，罕遇地震时Ⅲ、Ⅳ类场地的地震影响曲线设计特征周期都取为1.1 s。

3.1.8 地震影响系数应根据烈度、场地类别、结构自振周期以及阻尼比确定。阻尼比5%的水平地震影响系数最大值应按表3.1.8采用。

表 3.1.8 水平地震影响系数最大值

地震影响	6度	7度	8度
多遇地震	0.04	0.08	0.16
设防地震	0.11	0.23	0.45
罕遇地震	0.28	0.45	0.81

3.1.9 在时程分析中，恢复力模型应包括结构、消能部件和隔震支座的恢复力模型。

3.1.10 除按规定进行多遇地震作用下的截面抗震承载力验算外，尚应进行多遇地震、设防地震和罕遇地震下的变形验算：

1 计算罕遇地震下结构的变形，应采用弹塑性时程分析法、简化的弹塑性分析方法或静力弹塑性分析方法。

2 甲类建筑、乙类建筑及高层建筑尚应进行不同水准地震作用下的非线性变形评估。

3 平面投影尺度很大的空间结构，应根据结构形式和支承条件，分别按单点一致、多点、多向单点或多向多点输入进行抗震计算。按多点输入计算时，应考虑地震行波效应和局部场地效应。

3.1.11 消能减震结构采用静力弹塑性分析方法分析时应满足下列要求：

1 消能部件中消能器和支撑根据连接形式不同，可采用串联模型或并联模型，将消能器刚度和支撑的刚度进行串联等效，在计算中消能部件可采用等刚度的连接杆代替。

2 结构目标位移的确定应根据结构的不同性能来选择，宜采用结构总高度的1.5%作为顶点位移的界限值。

3 结构的阻尼比由主体结构阻尼比和消能部件附加给结构的有效阻尼比组成，两种阻尼比应按结构弹塑性相应变形状态计算得到。

3.2 水平地震作用计算

3.2.1 采用振型分解反应谱法时，不进行扭转耦联计算的结构，应按下列规定计算其地震作用和作用效应：

1 结构 j 振型 i 质点的水平地震作用标准值，应按下列公式确定：

$$F_{ji}=\alpha_j\gamma_jX_{ji}G_i \quad (i=1,\ 2,\ \cdots,\ n,\ j=1,\ 2,\ \cdots,\ m) \tag{3.2.1-1}$$

$$\gamma_j=\sum_{i=1}^{n}X_{ji}G_i/\sum_{i=1}^{n}X_{ji}^2G_i \tag{3.2.1-2}$$

式中：F_{ji}——j 振型 i 质点的水平地震作用标准值(kN)；

α_j——相应于 j 振型自振周期的地震影响系数，应按本标准第3.1.6～3.1.8条确定；

X_{ji}——j 振型 i 质点的水平相对位移(m)；

γ_j——j 振型的参与系数；

G_i——集中于 i 质点的重力荷载代表值(kN)。

2 水平地震作用效应(弯矩、剪力、轴向力和变形)，应按式

(3.2.1-3)确定：

$$S_{Ek}=\sqrt{\sum S_j^2} \tag{3.2.1-3}$$

式中：S_{Ek}——水平地震作用标准值的效应；

S_j——j 振型水平地震作用标准值的效应，可只取前 2～3 个振型，当基本自振周期大于 1.5 s 或房屋高宽比大于 5 时，振型个数应适当增加。

3.2.2 结构计算水平地震作用扭转影响时，应按下列规定计算地震作用和作用效应：

1 规则结构不进行扭转耦联计算时，平行于地震作用方向的两个边榀各构件，其地震作用效应应乘以增大系数。一般情况下，短边可按 1.15、长边可按 1.05 采用；当扭转刚度较小时，周边各构件宜按不小于 1.3 采用。角部构件宜同时乘以两个方向各自的增大系数。

2 按扭转耦联振型分解法计算时，各楼层可取两个正交的水平位移和一个转角共三个自由度，并应按下列公式计算结构的地震作用和作用效应。

1) j 振型 i 层的水平地震作用标准值，应按下列公式确定：

$$F_{xji}=\alpha_j\gamma_{tj}X_{ji}G_i \quad (i=1,\ 2,\ \cdots,\ n,\ j=1,\ 2,\ \cdots,\ m) \tag{3.2.2-1}$$

$$F_{yji}=\alpha_j\gamma_{tj}Y_{ji}G_i \quad (i=1,\ 2,\ \cdots,\ n,\ j=1,\ 2,\ \cdots,\ m) \tag{3.2.2-2}$$

$$F_{tji}=\alpha_j\gamma_{tj}r_i^2\varphi_{ji}G_i \quad (i=1,\ 2,\ \cdots,\ n,\ j=1,\ 2,\ \cdots,\ m) \tag{3.2.2-3}$$

式中：F_{xji}，F_{yji}，F_{tji}——分别为 j 振型 i 层的 x、y 方向和转角方向的地震作用标准值(kN)；

X_{ji}，Y_{ji}——分别为 j 振型 i 层质心在 x、y 方向的水

平相对位移(m)；

φ_{ji}—— j 振型 i 层的相对扭转角；

r_i—— i 层转动半径，可取 i 层绕质心的转动惯量除以该层质量的商的正二次方根；

γ_{tj}—— 计入扭转的 j 振型的参与系数，可按下列公式确定。

当仅取 x 方向地震作用时：

$$\gamma_{tj}=\sum_{i=1}^{n}X_{ji}G_i/\sum_{i=1}^{n}(X_{ji}^2+Y_{ji}^2+\varphi_{ji}^2r_i^2)G_i \quad (3.2.2\text{-}4)$$

当仅取 y 方向地震作用时：

$$\gamma_{tj}=\sum_{i=1}^{n}Y_{ji}G_i/\sum_{i=1}^{n}(X_{ji}^2+Y_{ji}^2+\varphi_{ji}^2r_i^2)G_i \quad (3.2.2\text{-}5)$$

当取于 x 方向斜交的地震作用时：

$$\gamma_{tj}=\gamma_{xj}\cos\theta+\gamma_{yj}\sin\theta \quad (3.2.2\text{-}6)$$

式中：γ_{xj}，γ_{yj}—— 分别由式(3.2.2-4)、式(3.2.2-5)求得的参与系数；

θ—— 地震作用方向与 x 方向的夹角(°)。

2）单向水平地震作用下的扭转耦联效应，可按下列公式计算：

$$S_{Ek}=\sqrt{\sum_{j=1}^{m}\sum_{k=1}^{m}\rho_{jk}S_jS_k} \quad (3.2.2\text{-}7)$$

$$\rho_{jk}=\frac{8\sqrt{\zeta_j\zeta_k}(\zeta_j+\lambda_T\zeta_k)\lambda_T^{1.5}}{(1-\lambda_T^2)^2+4\zeta_j\zeta_k(1+\lambda_T^2)\lambda_T+4(\zeta_j^2+\zeta_k^2)\lambda_T^2} \quad (3.2.2\text{-}8)$$

式中：S_{Ek}—— 地震作用标准值的扭转效应；

S_j，S_k—— 分别为 j、k 振型地震作用标准值的效应，可取前 9～15 个振型；

ζ_j，ζ_k—— 分别为 j、k 振型的阻尼比；

ρ_{jk}——j 振型与 k 振型的耦联系数；

λ_T——k 振型与 j 振型的自振周期比。

3）双向水平地震作用的扭转耦联效应，可按下列公式中的较大值确定：

$$S_{Ek}=\sqrt{S_x^2+(0.85S_y)^2} \tag{3.2.2-9}$$

$$S_{Ek}=\sqrt{S_y^2+(0.85S_x)^2} \tag{3.2.2-10}$$

式中：S_x，S_y—— 分别为 x 向、y 向单向水平地震作用按式(3.2.2-7)计算的扭转效应。

3.2.3 抗震验算时，结构任一楼层的水平地震剪力应符合式(3.2.3)要求：

$$V_{Eki}>\lambda\sum_{j=i}^{n}G_j \tag{3.2.3}$$

式中：V_{Eki}—— 第 i 层对应于水平地震作用标准值的楼层剪力；

λ—— 剪力系数，不应小于表 3.2.3 规定的楼层最小地震剪力系数值，对竖向不规则结构的薄弱层，尚应乘以1.15 的 增大系数；

G_j—— 第 j 层的重力荷载代表值(kN)。

表 3.2.3 楼层最小地震剪力系数值

类别	6 度	7 度	8 度
扭转效应明显或基本周期小于 3.5 s 的结构	0.008	0.016	0.032
基本周期大于 5.0 s 的结构	0.006	0.012	0.024

注：(1)基本周期介于 3.5 s 和 5 s 之间的结构，按插入法取值。(2)表中数值适用于阻尼比不超过 0.05 的结构，对于总阻尼比超过 5%的情况，表中数值宜乘以阻尼调整系数。

3.2.4 楼层水平地震剪力，应按下列原则分配：

1 现浇和装配整体式楼(屋)盖等刚性楼(屋)盖建筑，宜按抗侧力构件等效刚度的比例分配。

2 普通的预制装配式楼(屋)盖等半刚性楼(屋)盖建筑,可按抗侧力构件等效刚度的比例分配与抗侧力构件从属面积上重力荷载代表值的比例分配结果的平均值。

3 结构计入空间作用、楼盖变形、墙体弹塑性变形和扭转的影响时,可按现行上海市工程建设规范《建筑抗震设计规程》DGJ 08—9 的有关规定对上述第 1、2 款的分配结果作适当调整。

3.3 竖向地震作用计算

3.3.1 8 度时的高层隔震结构,其竖向地震作用标准值应按式(3.3.1-1)和式(3.3.1-2)确定(图 3.3.1)。楼层的竖向地震作用效应可按各构件承受的重力荷载代表值的比例分配,并宜乘以增大系数 1.5。

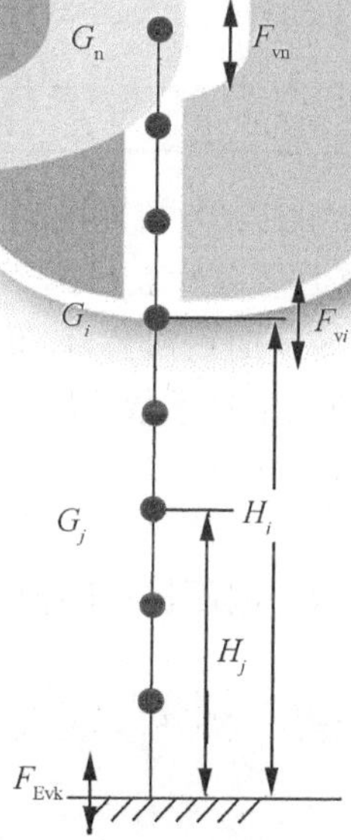

图 3.3.1 竖向地震作用计算简图

$$F_{Evk}=\alpha_{vmax}G_{eq} \tag{3.3.1-1}$$

$$F_{vi}=\frac{G_iH_i}{\sum G_jH_j}F_{Evk} \tag{3.3.1-2}$$

式中：F_{Evk}——结构总竖向地震作用标准值(kN)；

F_{vi}——质点 i 的竖向地震作用标准值(kN)；

α_{vmax}——竖向地震影响系数的最大值，可取水平地震影响系数最大值的 65%；

G_{eq}——结构等效总重力荷载，可取其重力荷载代表值的 75%(kN)。

3.3.2 平板型网架屋盖和跨度大于 24 m 屋架结构的竖向多遇地震作用标准值，宜取其重力荷载代表值和竖向地震作用系数的乘积；竖向地震作用系数可按表 3.3.2 采用。

表 3.3.2 竖向多遇地震作用系数

结构类型	烈度	Ⅲ、Ⅳ场地类别
平板型网架、钢屋架	8	0.10
钢筋混凝土屋架	8	0.13

3.3.3 长悬臂和其他大跨度结构的竖向地震作用标准值，8 度时可分别取该结构、构件重力荷载代表值的 10%。

3.3.4 大跨度空间结构的竖向地震作用，尚可按竖向振型分解反应谱方法计算。其竖向地震影响系数可取本标准第 3.1.6～3.1.8 条规定的水平地震影响系数的 65%。

3.4 截面抗震验算

3.4.1 结构构件的地震作用效应和其他荷载效应的基本组合，应按式(3.4.1)计算：

$$S=\gamma_G S_{GE}+\gamma_{Eh}S_{Ehk}+\gamma_{Ev}S_{Evk}+\psi_w\gamma_w S_{wk} \tag{3.4.1}$$

式中：S—— 荷载和地震作用组合的效应设计值；

S_{GE}—— 重力荷载代表值的效应；

S_{Ehk}—— 水平地震作用标准值的效应，尚应乘以相应的增大系数、调整系数；

S_{Evk}—— 竖向地震作用标准值的效应，尚应乘以相应的增大系数、调整系数；

S_{wK}—— 风荷载标准值的效应；

γ_G—— 重力荷载分项系数，一般情况应采用 1.3，当重力荷载效应对构件承载能力有利时，不应大于 1.0；

γ_{Eh}，γ_{Ev}—— 分别为水平、竖向地震作用分项系数，应按表 3.4.1 采用；

γ_w—— 风荷载分项系数，应采用 1.5；

ψ_w—— 风荷载组合值系数，一般结构取 0.0，风荷载起控制作用的高层建筑应采用 0.2。

注：本标准一般略去表示水平方向的下标。

表 3.4.1　地震作用分项系数

地震作用	γ_{Eh}	γ_{Ev}
仅计算水平地震作用	1.3	0.0
仅计算竖向地震作用	0.0	1.3
同时计算水平与竖向地震作用（水平地震为主）	1.3	0.5
同时计算水平与竖向地震作用（竖向地震为主）	0.5	1.3

3.4.2　消能减震结构中的非消能子结构构件的截面抗震验算，应采用式(3.4.2)：

$$S_d \leqslant R/\gamma_{RE} \tag{3.4.2}$$

式中：γ_{RE}—— 承载力抗震调整系数，除另有规定外，应按表 3.4.2 采用；

R—— 非消能子结构构件的承载力设计值。

表 3.4.2　非消能子结构承载力抗震调整系数

材料	结构构件	受力状态	γ_{RE}
钢	柱、梁、支撑、节点板件、螺栓、焊缝	强度	0.75
	柱、支撑	稳定	0.80
砌体	两端均有构造柱、芯柱的抗震	受剪	0.9
	其他抗震墙	受剪	1.0
混凝土	梁	受弯	0.75
	轴压比小于 0.15 的柱	偏压	0.75
	轴压比不小于 0.15 的柱	偏压	0.80
	抗震墙	偏压	0.85
	各类构件	受剪、偏拉	0.85

3.4.3　当仅计算竖向地震作用时，各类结构构件承载力抗震调整系数均应采用 1.0。

3.4.4　在罕遇地震作用下，结构构件的地震作用效应和其他荷载效应的基本组合的效应按式(3.4.4)计算：

$$S_d = S_{GE} + \psi_e S_{Ek} + \psi_w S_{wk} \tag{3.4.4}$$

式中：S_{wk}—— 罕遇地震作用标准值的效应；

ψ_e—— 地震作用的频率系数，一般结构取 1.0。

3.4.5　消能减震结构构件截面抗震验算宜划分为消能子结构和非消能子结构分别进行，应按现行上海市工程建设规范《建筑抗震设计规程》DGJ 08—9 执行；消能子结构的主体结构构件应算作重要构件，按设防地震下不屈服进行设计，并进行罕遇地震作用下的性能状态验算，其罕遇地震下损伤不重于中等损坏，且性能要求应比其他相邻构件高一个等级；消能子结构连接部件罕遇地震下应保持弹性。

3.5　抗震变形验算

3.5.1　表 3.5.1 所列各类结构应进行多遇地震作用下的抗震变形

验算，其楼层内最大的弹性层间位移应符合式(3.5.1)要求：

$$\Delta u_e \leqslant [\theta_e]h \tag{3.5.1}$$

式中：Δu_e—— 多遇地震作用标准值产生的楼层内最大的弹性层间位移；计算时，除以弯曲变形为主的高层建筑外，可不扣除结构整体弯曲变形；应计入扭转变形，各作用分项系数均应采用1.0；钢筋混凝土结构构件的截面刚度可采用弹性刚度。

$[\theta_e]$—— 弹性层间位移角限值。

h—— 计算楼层层高。

消能减震结构和考虑隔震效果降度后的隔震层上部结构，在多遇地震作用下的弹性层间位移角限值，宜符合以下规定：

1 高度不大于 150 m 的建筑，宜按表 3.5.1 采用。

2 高度不小于 250 m 的建筑，不宜大于 1/500。

3 高度在 150 m～250 m 之间的建筑，可按本条第 1 款和第 2 款的限值线性插入取用。

表 3.5.1 多遇地震下消能减震结构和隔震层上部结构弹性层间位移角限值

结构类型	$[\theta_e]$
钢筋混凝土框架	1/550
钢筋混凝土框架-抗震墙、框架-核心筒、板-柱-抗震墙	1/800
以下结构的嵌固端上一层：钢筋混凝土框架-抗震墙、框架-核心筒、板-柱-抗震墙	1/2 000
钢筋混凝土抗震墙、筒中筒、钢筋混凝土框支层	1/1 000
以下结构的嵌固端上一层：钢筋混凝土抗震墙、筒中筒、钢筋混凝土框支层	1/2 500
多、高层钢结构	1/250

3.5.2 消能减震结构和隔震结构隔震层的上部结构最大的弹塑性层间位移应符合式(3.5.2)要求。

$$\Delta u_p \leqslant [\theta_p]h \tag{3.5.2}$$

式中：Δu_p—— 弹塑性层间位移，宜采用动力弹塑性时程分析获得；对规则建筑，也可采用静力弹塑性分析方法或等效线性化方法获得；

$[\theta_p]$—— 弹塑性层间位移角限值。

3.5.3 消能减震结构和隔震结构隔震层的上部结构设防地震下最大弹塑性、弹性层间位移角限值按表 3.5.3-1 采用，罕遇地震下最大弹塑性层间位移角限值按表 3.5.3-2 采用。

表 3.5.3-1 设防地震下层间位移角限值

结构类型	$[\theta_p]$	$[\theta_e]$
	消能减震结构	隔震层上部结构
钢筋混凝土框架	1/250	1/400
钢筋混凝土框架-抗震墙、板-柱-抗震墙、框架-核心筒	1/300	1/500
钢筋混凝土抗震墙、筒中筒、钢筋混凝土框支层	1/400	1/600
多、高层钢结构	1/150	1/250

表 3.5.3-2 罕遇地震下层间位移角限值

结构类型	$[\theta_p]$	
	消能减震结构	隔震层上部结构
钢筋混凝土框架	1/80	1/120
钢筋混凝土框架-抗震墙、板-柱-抗震墙、框架-核心筒	1/120	1/200
钢筋混凝土抗震墙、筒中筒、钢筋混凝土框支层	1/150	1/250
多、高层钢结构	1/50	1/100

3.5.4 隔震层下部结构在设防地震作用下的弹性层间位移角限值，在罕遇地震作用下的弹塑性层间位移角限值，应符合表 3.5.4 的要求。

表 3.5.4　隔震层下部结构弹性、弹塑性层间位移角限值

下部结构类型	θ_e	θ_p
	设防地震	罕遇地震
钢筋混凝土框架	1/550	1/250
钢筋混凝土框架-抗震墙、板-柱-抗震墙、框架-核心筒	1/800	1/300
钢筋混凝土抗震墙、筒中筒、钢筋混凝土框支层	1/1 000	1/400
钢结构	1/250	1/150

3.5.5　隔震层在设防地震和罕遇地震作用下，其变形限值应符合表 3.5.5 的要求。

表 3.5.5　设防地震和罕遇地震下隔震层变形限值

地震作用	设防地震	罕遇地震
隔震层变形(mm)	250	500

3.6　抗震性能化设计

3.6.1　消能减震结构与隔震结构进行性能化抗震设计时，应结合建筑实际需求选择合适的性能水准和性能目标。

3.6.2　消能减震结构与隔震层上部结构的性能水准可按表 3.6.2 划分。

表 3.6.2　性能水准划分

性能水准	损坏状况描述			继续使用的可能性
	一般构件	关键构件	消能部件	
完好	无损坏	无损坏	无损坏	不需要修理即可继续使用
轻微损坏	个别轻微裂缝	无损坏	无损坏	稍作修理即可继续使用
中等损坏	多数轻微裂缝部分明显裂缝	轻微损坏	无损坏	需要一般修理，采取安全措施后可继续使用
严重损坏	多数严重损坏	明显裂缝	轻微损坏	应加固大修或局部拆除重建；位移相关型消能器应更换，速度相关型消能器根据检查情况确定是否更换

注：个别指 5%以下，部分指 30%以下，多数指 50%以上。

3.6.3 消能减震结构与隔震层上部结构的抗震性能目标可按表3.6.3选用。

表3.6.3 性能目标划分

地震水平	性能目标1	性能目标2	性能目标3
多遇地震	完好	完好	完好
设防地震	完好	轻微损坏	中等损坏
罕遇地震	轻微损坏	中等损坏	严重损坏

3.6.4 消能减震结构与隔震层上部结构对应于各抗震性能水准的最大层间位移角限值可按表3.6.4取用。

表3.6.4 性能水准与层间位移角限值对应关系

结构类型	结构的性能水准			
	完好	轻微损坏	中等损坏	严重损坏
钢筋混凝土框架	1/550	1/250	1/120	1/80
钢筋混凝土框架-抗震墙、板-柱-抗震墙、框架-核心筒	1/800	1/400	1/200	1/100
钢筋混凝土抗震墙、筒中筒、钢筋混凝土框支层	1/1 000	1/500	1/250	1/120
多、高层钢结构	1/250	1/150	1/100	1/50

4 消能减震建筑一般要求

4.1 一般规定

4.1.1 消能减震结构设计可分为新建建筑结构的消能减震设计和既有建筑结构消能减震加固设计。

4.1.2 消能减震结构采用抗震性能化设计时，性能目标可以根据需要选定针对整个结构、结构的关键部位、重要构件和消能部件等的性能目标。

4.1.3 大型和高层减震建筑，宜按规定设置建筑结构的地震反应观测系统，建筑设计应预留观测仪器和线路的位置及空间。

4.2 消能器选择

4.2.1 消能器的选择应考虑结构类型、使用环境、结构控制参数等因素，根据消能减震结构在地震作用时预期的结构位移或内力控制要求、建筑使用要求、方便安装等因素选择合适类型的消能器。

4.2.2 设计文件中应注明消能器的性能参数、检查和维护要求。

4.2.3 消能器选择应符合下列规定：

1 消能器应具备良好的变形能力和消耗地震能量的能力，位移型消能器的极限位移能力应大于消能器设计位移的120%，速度相关型消能器极限速度能力应大于消能器设计速度的120%。

2 在多遇地震及50年一遇标准风荷载作用下，各类消能器工作状态按表 4.2.3 规定控制。

3 消能器应具有良好的耐久性和环境适应性。

表 4.2.3 各类消能器在多遇地震及 50 年一遇标准风荷载作用下工作状态控制

消能器类型	多遇地震	50 年一遇标准风荷载
金属屈服型 A、B、C 类	可以考虑发挥耗能作用	位移不大于初始屈服位移
金属屈服型 D、E 类 (含 BRB)	位移不大于初始屈服位移	
速度相关型	可以考虑发挥耗能作用	

4.3 结构分析

4.3.1 消能减震结构分析模型应正确地反映不同荷载工况的传力途径、在不同水准地震动下主体结构和消能器所处的工作状态。

4.3.2 消能减震结构的分析方法应根据主体结构、消能器的工作状态选择，可采用振型分解反应谱法、结构弹性(消能器线性或非线性)时程分析法、静力弹塑性分析法和弹塑性时程分析法。

4.3.3 消能减震结构的总阻尼比应为主体结构固有阻尼比和消能器工作消能效果附加给主体结构的有效阻尼比的总和，消能器附加给主体结构的有效阻尼比应根据主体结构处于弹性或弹塑性工作状态及不同水准地震动激励状态分别确定。多遇地震下结构抗震验算宜取设防地震下的附加有效阻尼比计算值。

4.3.4 消能减震结构的总刚度应为主体结构刚度和消能部件附加给主体结构的有效刚度之和。多遇地震下结构验算若取设防地震下消能部件附加有效阻尼比计算值，则消能部件等效刚度也应取设防地震下各消能器曾经达到过的最大变形时对应的等效刚度(割线刚度)。

4.3.5 消能器恢复力模型参数的确定按本标准第 5 章的相关规

定取值，应采用成熟的模型并经过相关试验的验证。

4.3.6 大型复杂消能减震结构在地震作用下的内力、变形分析及减震效果评价，宜采用不少于两个合适和成熟的不同软件进行对比分析，计算结果应经分析判断确认其合理、有效后方可用于工程设计。

4.3.7 罕遇地震作用下消能器的设计位移计算，应通过结构整体弹塑性分析确定。

4.4 连接与节点

4.4.1 消能器与支撑、支承构件连接，应符合钢构件连接、钢与钢筋混凝土构件连接、钢与钢管混凝土构件连接构造的规定。

4.4.2 消能器与支撑、连接件之间宜采用高强螺栓连接或销轴连接，也可采用焊接。

4.4.3 在消能器极限位移或极限速度对应的阻尼力作用下，与消能器连接的支撑、墙、支墩、连梁应处于弹性工作状态；消能部件与主体结构相连的预埋件、节点板等应处于弹性工作状态，且不应出现滑移或拔出等破坏。

4.4.4 在地震作用下，消能部件及其与结构构件相连的节点不发生侧向失稳或破坏，以保证消能器正常工作。

4.5 消能部件材料与施工

4.5.1 支撑及连接件一般采用钢构件，也可采用钢管混凝土或钢筋混凝土构件。对支撑材料和施工有特殊规定时，应在设计文件中注明。

4.5.2 钢筋混凝土构件作为消能器的支撑构件时，其混凝土强度等级不应低于 C30。

4.5.3 消能部件的安装宜在主体结构完成后进行或在主体结构

施工时进行，消能器安装完成后不应出现影响消能器正常工作的变形，消能减震设计中应考虑消能部件安装次序的影响。

4.6 耐久性规定

4.6.1 消能部件的混凝土部分的耐久性应满足现行国家标准《混凝土结构设计规范》GB 50010 的规定，钢构件的防护应满足现行国家标准《钢结构设计标准》GB 50017 的规定。承受竖向荷载作用的消能器应按主体结构的要求进行防火处理。

4.6.2 消能器经过火灾高温环境后，应对消能器进行检查和试验。

4.6.3 当消能减震建筑遭遇不低于设防烈度的地震后，应对消能部件以及消能子结构进行检查和维护。设计文件应注明消能器使用期间对产品供应商的回访检验和业主的定期检验要求。

5 消能器的技术性能

5.1 一般规定

5.1.1 消能器产品说明书应标注设计使用年限，消能器达到使用年限应及时全数检测，按一定比例数量抽检其性能，重新确定消能器后续使用年限或更换。

5.1.2 消能器应具有良好的抗疲劳、抗老化性能，消能器工作环境应满足环境适应性的要求，不满足时应有保温、除湿、防紫外线、定期防锈等不影响消能器正常工作的各种措施。

5.1.3 消能器的外观应符合下列规定：

1 产品的尺寸偏差应符合本标准有关规定。

2 外观应符合本标准有关规定。

5.1.4 消能器性能应符合下列规定：

1 消能器中非消能元件的材料强度应达到设计强度要求，设计时荷载应按消能器1.5倍极限阻尼力选取，应保证消能器中元件在罕遇地震作用下能正常工作。

2 消能器在要求的性能检测试验工况下，试验的消能滞回环应无明显凹陷或颈缩。

5.1.5 消能器极限位移应不小于罕遇地震下消能器最大位移的1.2倍，还应符合本标准表3.5.3-2结构弹塑性层间位移角限值规定。在此位移下，消能器应满足往复加载3周，承载力变化不超过±15%的要求。

5.2 金属消能器与消能构件

5.2.1 金属消能器与消能构件的外观应符合下列规定：

1 产品外观应标志清晰、表面平整、无锈蚀、无毛刺、无机械损伤，外表应有防锈措施，涂层应均匀。

2 外型安装尺寸偏差应在±2 mm 内。

5.2.2 金属消能器与消能构件的材料应符合下列规定：

1 金属消能器与消能构件所用材料应根据设计需要进行选择，可采用钢材、铅等材料制作。

2 采用钢材制作的金属消能器的消能部分宜采用屈服强度较低和高延伸率的钢材，钢板厚度不宜超过 80 mm，钢棒直径根据实际情况确定，应具有较强的塑性变形能力和良好的焊接性能。

3 金属消能器与消能构件中所用各种材料的材质化学成分及力学性能应符合国家相应的材性标准。

5.2.3 金属消能器与消能构件的力学性能应在计算书、检测报告中给出，描述消能器耗能滞回特性的全部参数(图 5.2.3)。

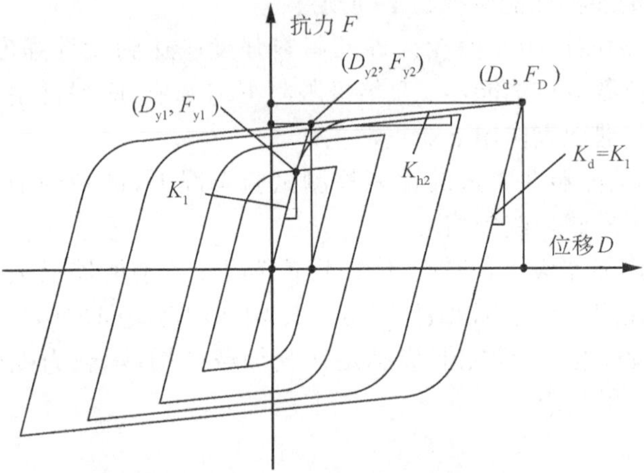

图 5.2.3 双线性等强硬化模型滞回曲线

$$K_1 = K_d = \frac{F_{y2}}{D_{y2}} = \frac{F_{y1}}{D_{y1}} \qquad (5.2.3\text{-}1)$$

$$\mu_d = \frac{D_d}{D_{y2}} \qquad (5.2.3\text{-}2)$$

式中或图中：K_1—— 金属消能器弹性刚度或初始刚度，其刚度斜线由通过设计位移点的卸载刚度斜线平移至坐标原点而成；

K_d—— 卸载刚度，其刚度斜线由按设计位移往复加载的滞回曲线上的设计位移点，与该滞回曲线卸载下穿越位移横坐标轴相交点的两点直线构成；

F_{y1}—— 金属消能器初始屈服力，即消能器发生初始屈服后的滞回曲线与弹性刚度斜线相交点对应的阻尼力坐标；

D_{y1}—— 金属消能器初始屈服位移，即消能器发生初始屈服后的滞回曲线与弹性刚度斜线相交点对应的位移坐标；

F_{y2}—— 金属消能器计算屈服力，即消能器发生全截面屈服后的滞回曲线与弹性刚度斜线相交点对应的阻尼力坐标；

D_{y2}—— 金属消能器计算屈服位移，即消能器发生全截面屈服后的滞回曲线与弹性刚度斜线相交点对应的位移坐标；

μ_d—— 设计延性系数，为消能器设计位移与计算屈服位移的比值；

D_d—— 消能器设计位移；

F_D—— 消能器设计阻尼力，即对应设计位移往复加载滞回曲线上与设计位移坐标相对应的阻尼力。

5.2.4 金属消能器与消能构件力学性能要求主要对其滞回力学性能提出，应符合表 5.2.4 的规定。

表 5.2.4　金属消能器与消能构件滞回力学性能要求

<table>
<tr><th>性能类别</th><th>项目</th><th colspan="3">每个检验产品加载工况及性能要求</th></tr>
<tr><td rowspan="5">常规性能</td><td>初始刚度 K_1</td><td rowspan="5">按照 $0.2D_d$、$0.4D_d$、$0.6D_d$、$0.8D_d$、D_d 位移幅值的正弦波或三角波逐级加载，每级位移加载 3 周。取每个加载级的第 3 周的位移-阻尼力数据用作性能参数标定依据</td><td colspan="2" rowspan="4">测试值与设计值偏差在±15%内</td></tr>
<tr><td>初始屈服点 (D_{y1}，F_{y1})</td></tr>
<tr><td>计算屈服点 (D_{y2}，F_{y2})</td></tr>
<tr><td>设计承载力 F_d</td></tr>
<tr><td>设计(屈服)位移 D_d</td><td colspan="2">测试值与设计值偏差在±5%内</td></tr>
<tr><td rowspan="9">疲劳性能</td><td rowspan="3">滞回曲线</td><td colspan="3">1) 每个检测产品在前述试验工况 D_d 位移幅值下继续加载 27 周，共构成 30 周疲劳试验工况</td></tr>
<tr><td colspan="3">2) 任一周加载位移幅值与 30 周加载幅值平均值偏差应在±5%内，平均值与设计值偏差在±1.0 mm 内</td></tr>
<tr><td colspan="3">3) 任一个往复加载周对应位移坐标为零处的正、负阻尼力与其 30 周往复加载正、负阻尼力的平均值偏差应在±10%内</td></tr>
<tr><td>极限位移 ($D_u = 1.2D_d$)</td><td colspan="3">每个检测产品按位移幅值大于等于 $1.2D_d$ 连续加载 3 周，任一周中位移幅值测试值与设计值偏差应在±5%内；位移为零处第 3 周比第 1 周阻尼力衰减小于 15%</td></tr>
<tr><td rowspan="5">设计延性系数 $\mu_d = D_d/D_{y2}$</td><td>$\mu_d \geqslant 15$</td><td>A 级</td><td rowspan="5">每个被检产品满足 30 周疲劳试验要求</td></tr>
<tr><td>$12 \leqslant \mu_d < 15$</td><td>B 级</td></tr>
<tr><td>$9 \leqslant \mu_d < 12$</td><td>C 级</td></tr>
<tr><td>$6 \leqslant \mu_d < 9$</td><td>D 级</td></tr>
<tr><td>$3 \leqslant \mu_d < 6$</td><td>E 级</td></tr>
</table>

注：当 $\mu_d \leqslant 6$ 且不满足 30 周疲劳试验要求的称为消能构件，其应满足 6 周循环疲劳试验要求。

5.2.5 金属消能器与消能构件的整体稳定和局部稳定应满足现行国家标准《钢结构设计标准》GB50017 的规定，在消能方向运动时，平面外应具有足够的刚度，不能产生翘曲和侧向失稳。

5.3 屈曲约束支撑

5.3.1 屈曲约束支撑（简称“BRB”）根据需求可采用外包钢管混凝土型屈曲约束支撑、外包钢筋混凝土型屈曲约束支撑和全钢型屈曲约束支撑等。其环向、长度方向外观尺寸与设计尺寸误差应在±5 mm 与±20 mm 内。

5.3.2 屈曲约束支撑核心单元应符合下列规定：

1 核心单元的材料宜采用屈服强度低、高延伸率和屈服稳定的钢材。

2 核心单元截面可设计成“一”字形、“H”字形、“十”字形、环形和双“一”字形等，宽厚比或径厚比限值应符合下列规定：

1）“一”字形板截面宽厚比取 10～20；

2）“十”字形截面宽厚比取 5～10；

3）环形截面径厚比不宜超过 22；

4）其他截面形式，取现行上海市工程建设规范《建筑抗震设计规程》DGJ 08—9 中心支撑的径厚比或宽厚比的限值。

3 核心单元截面采用“一”字形、“十”字形、“H”字形和环形时，钢板厚度宜为 10 mm～80 mm。

5.3.3 屈曲约束支撑外约束单元应具有足够的抗弯刚度。

5.3.4 屈曲约束支撑工作段、连接段及过渡段的板件应保证不发生局部失稳破坏。

5.3.5 屈曲约束支撑中的混凝土材料等级不应小于 C25。

5.3.6 屈曲约束支撑的耗能滞回特性模拟应满足本标准第 5.2.3 条的相关要求。

5.3.7 作为消能器使用的非承载型屈曲约束支撑的力学性能检

测试验，按本标准第 5.2.4 条的金属消能器的力学性能指标执行，设计延性系数应满足 $\mu_d \geqslant 6$，设计位移等幅 30 周加载下累积延性系数应满足 $\sum \mu_d \geqslant 720$。

5.4 摩擦消能器

5.4.1 摩擦消能器的外观应符合下列规定：

1 摩擦消能器产品外观应标志清晰、表面平整、无机械损伤，外表应采用防锈措施，涂层应均匀。

2 摩擦消能器尺寸偏差应为±2 mm。

5.4.2 摩擦消能器的材料应符合下列规定：

1 摩擦材料可采用复合摩擦材料和聚合物类摩擦材料等。

2 起滑摩擦力与滑动摩擦力之比不宜大于 1.1。

3 摩擦消能器预压螺栓宜采用高强度螺栓，高强度螺栓的数量 n 可由式(5.4.2)确定，且不应少于 2 个：

$$n \geqslant \frac{1.2F_{dmax}}{0.9n_f \mu P} \tag{5.4.2}$$

式中：n_f—— 传力摩擦面数；

μ—— 摩擦面的抗滑移系数，可按表 5.4.2-1 采用；

P—— 每个高强度螺栓的预拉力(kN)，可按表 5.4.2-2 采用；

F_{dmax}—— 摩擦消能器最大阻尼力(kN)。

表 5.4.2-1 摩擦面的抗滑移系数 μ 值

连接处构件表面处理方法	构件的钢号		
	Q235	Q355	Q390
喷砂(丸)	0.45	0.50	0.55
喷砂(丸)后涂无机富锌漆	0.35	0.40	0.40
喷砂(丸)后生赤锈	0.45	0.50	0.50
钢丝刷消除浮锈或未经处理的干净轧制表面	0.30	0.35	0.40

表 5.4.2-2　每个高强度螺栓预拉力 P 值(kN)

螺栓性能等级	螺栓规格					
	M16	M20	M22	M24	M27	M30
8.8 级	80	125	150	175	230	280
10.9 级	100	155	190	225	290	355

4　摩擦消能器中采用的摩擦材料应具有稳定的摩擦系数，不应生锈，并应满足消能器预压力作用下的强度要求。

5　摩擦消能器中的受力元件应具有足够的刚度，不能产生翘曲和侧向失稳。

5.4.3　摩擦消能器力学性能要求，应符合表 5.4.3 的规定。

表 5.4.3　摩擦消能器力学性能要求

性能类别	项目	每个被检产品加载工况及性能要求
常规性能	起滑摩擦力	起滑摩擦力的实测值不宜大于最大滑动摩擦力的1.1 倍
	初始刚度	初始刚度实测值允许偏差不小于设计值的－15%；实测值偏差的平均值不小于设计值的－10%
	滑动摩擦力	连续加载的第 2～5 周内的任一个滞回曲线在零位移处的摩擦力与设计值偏差应在±15%内；实测值偏差的平均值与设计值之比应在±10%内
	极限位移	极限位移值不应小于极限位移设计值
疲劳性能	滑动摩擦力	设计位移下连续加载 30 周往复加载，自第 2 周起的任一往复加载周的滞回曲线的最大、最小摩擦力与设计值偏差应在±20%内；实测值偏差的平均值应在±15%内
	滞回曲线	1）任一往复加载周的滞回曲线中位移为零处的正、负摩擦力与其 30 周往复加载正、负摩擦力的平均值偏差应在±10%内
		2）任一周往复加载位移幅值与 30 周往复加载幅值平均值偏差应在±5%内，平均值与设计值偏差在±1.0 mm 内

续表5.4.3

性能类别	项目	每个被检产品加载工况及性能要求
时效性	滑动摩擦力	摩擦消能器应进行时效性检测，同一产品初次检测180天后再进行复测。产品在设计位移下连续30周往复加载，所有滞回曲线在位移零点处摩擦力平均值与初次检测摩擦力平均值偏差应在±10%内
	滞回曲线	所有往复加载周的滞回曲线面积平均值与初次检测滞回曲线面积平均值的偏差在±15%内

注：表中时效性检测要求仅限于型式检验。

5.4.4 摩擦消能器宜实施保养，定期检查摩擦片的氧化、磨耗和锈蚀。

5.5 黏滞消能器

5.5.1 黏滞消能器是黏滞阻尼器和黏滞阻尼墙的统称，其外观应符合表5.5.1的规定。

表5.5.1 黏滞消能器外观要求

序号	黏滞阻尼器	黏滞阻尼墙
1	外观应表面平整、无机械损伤，外表应采用防锈措施，涂层应均匀	
2	密封处制作应精细、无渗漏	
3	尺寸允许偏差应为产品设计值的±2 mm	长度误差应为设计值±3 mm；截面有效尺寸偏差应为产品设计值的±2 mm

5.5.2 黏滞消能器的阻尼材料要求黏温关系稳定，闪点高，不易燃烧，不易挥发，无毒，抗老化性能强。钢材应根据设计需求选择，其余材料应符合现行行业标准《建筑消能阻尼器》JG/T 209的规定。

5.5.3 黏滞消能器的力学性能要求和试验方法应符合表5.5.3-1

和表 5.5.3-2 的规定，实测产品在试验后应无渗漏、无裂纹。

表 5.5.3-1　黏滞消能器常规力学性能要求

性能类别	检测项目	性能要求	检测方法
常规性能	极限位移	极限位移实测值应≥极限位移设计值	采用静力加载试验，控制试验机的加载系统使消能器均速缓慢移动，记录其运动的极限位移值
	最大阻尼力	实测值与设计值偏差在±15%以内	采用正弦波激励，输入位移 $D = D_d\sin(2\pi f_1 t)$，连续加载 5 周，记录第 3 个滞回曲线所对应的最大阻尼力作为实测值
	阻尼系数	实测值与设计值偏差在±15%以内	1) 采用正弦波激励，控制位移加载函数 $D = A\sin(2\pi f_1 t)$ 2) 对消能器分别施加位移幅值 A 为 $0.2D_d$、$0.4D_d$、$0.6D_d$、$0.8D_d$、$1.0D_d$、$1.2D_d$，每个位移幅值下连续进行 5 周往复加载，每周均绘制阻尼力-位移滞回曲线，并计算各工况下第 3 个滞回曲线所对应的阻尼系数、阻尼指数、初始刚度作为实测值
	阻尼指数		
	初始刚度		
	滞回曲线	实测值与设计值偏差在±15%以内	记录每周加载的抗力与消能器活塞相对位移时程，采用横轴为消能器相对位移坐标，竖轴取抗力坐标，绘制封闭曲线

注：t 为时间(s)；f_1 为减震结构基频；D_d 为黏滞消能器设计位移。

表 5.5.3-2　黏滞消能器疲劳、抗渗漏力学性能要求

性能类别	检测项目	性能要求	检测方法
疲劳性能	最大阻尼力	实测值与设计值偏差在±15%以内	对阻尼器施加频率为 f_1 的正弦波加载，当用于抗震为主时，输入位移 $D = D_d\sin(2\pi f_1 t)$，连续加载 10 周，当作动器流量不够连续加载，应立即快速补充流量，连续加载期间暂停补充流量次数不宜超过 2 次。当用以风振控制时，输入 $D = 1.2D_w\sin(2\pi f_1 t)$ 连续加载 60 000 周，每 20 000 周可暂停休整 30 min
	阻尼系数		
	阻尼指数		

续表 5.5.3-2

性能类别	检测项目	性能要求	检测方法
抗渗性能	密闭性能	超压下不应出现渗漏、屈服或损坏等现象，且阻尼力衰减值不大于5%	采用加压装置，对阻尼器腔体内部加压到1.5倍的最大阻尼力对应的腔体压力，保持10分钟

注：t 为时间(s)；f_1 为减震结构基频；D_d 为黏滞消能器设计位移；D_w 为风荷载下黏滞消能器可能的最大位移。

5.5.4 黏滞消能器的其他性能要求应符合下列规定：

1 黏滞消能器位于−30 ℃～40 ℃温度间，在 $1.0f_1$ 测试频率下，输入位移采用公式(5.5.4-1)，每隔 10 ℃记录消能器的最大阻尼力，其实测值偏差应为理论设计值的±10%内。

$$D = D_d \sin(2\pi f_1 t) \tag{5.5.4-1}$$

式中：f_1—— 消能减震结构的第一自振频率(Hz)；

D_d—— 黏滞消能器设计位移(mm)。

2 黏滞消能器在 $f=0.7f_1$、$1.0f_1$、$1.3f_1$、$1.6f_1$ 测试频率下，输入位移采用公式(5.5.4-2)，其最大阻尼力的实测值偏差应在理论设计值的±10%内。

$$D = (D_d f_1 / f)\sin(2\pi f t) \tag{5.5.4-2}$$

式中：f ——测试加载频率(Hz)。

5.5.5 黏滞消能器的力学行为可采用麦克斯韦(Maxwell)模型描述。产品性能指标中应给出初始刚度、阻尼系数、阻尼指数、最大阻尼力。一般阻尼力的表达宜用式(5.5.5)。

$$F_d(t) = C_d \mathrm{sgn}(V_d(t)) \mid V_d(t) \mid^{\alpha} \tag{5.5.5}$$

式中：$F_d(t)$ ——黏滞阻尼力(kN)；

C_d ——黏滞阻尼系数(kN/(mm/s)$^{\alpha}$)；

$V_d(t)$ ——黏滞消能器的运动杆相对速度(mm/s)；

α ——速度指数(0.1～1.0)；

t ——时间(s)。

5.6 黏弹性消能器

5.6.1 黏弹性消能器的外观及内部应符合下列规定：

1 黏弹性消能器钢板应平整、光滑、无锈蚀、无毛刺。

2 黏弹性材料表面应密实、无裂缝，剖切后内部应连续、均匀、密实、无孔洞。

3 黏弹性材料与约束钢构件(一般为钢板或钢管)之间应密实、无裂缝。

4 黏弹性消能器的尺寸偏差应满足下列要求：

1）黏弹性消能器钢构件和黏弹性层长宽的尺寸允许偏差应为产品设计值的±2%；

2）黏弹性层厚度允许偏差应为产品设计值的±3%，不同地方厚度允许偏差应为±5%。

5.6.2 橡胶类黏弹性材料性能要求应符合表 5.6.2 的规定。钢材质量指标应符合现行国家标准《碳素结构钢》GB/T 700 中碳素结构钢或低合金钢的规定。

表 5.6.2 橡胶类黏弹性材料性能要求

项目		指标
拉伸强度(MPa)		≥15
扯断伸长率(%)		≥380
扯断永久变形(%)		≥22
热空气老化 70 ℃ 72 h	拉伸强度变化率(%)	不超过±20
	扯断伸长变化率(%)	不超过±20
−10 ℃～40 ℃工作温度下材料损耗因子 β		≥0.5
黏弹性材料与钢构件之间的黏合强度(MPa)		≥4.3

5.6.3 损耗因子为黏弹性消能器滞回曲线中对应于零位移的恢复力与对应于最大位移的恢复力的比值。表观剪切模量定义为黏弹性消能器的剪应力与剪应变的比值，即由公式(5.6.3)所表达。

$$G=\frac{\tau}{\gamma}=\frac{\dfrac{F_{\max}+F_{\min}}{D_{\max}+D_{\min}}}{\left(\dfrac{S}{t}\right)}=\frac{K_{\mathrm{eq}}}{\left(\dfrac{S}{t}\right)} \tag{5.6.3}$$

式中： G ——消能器的表观剪切模量(MPa)；

τ ——消能器的剪应力(MPa)；

γ ——消能器的剪应变；

$F_{\max}$，$F_{\min}$ ——消能器的最大、最小阻尼力(N)；

$D_{\max}$，$D_{\min}$ ——相应于消能器的最大、最小阻尼力点的位移(mm)；

K_{eq} ——黏弹性消能器的等效刚度(N/mm)；

S ——黏弹性材料层剪切面积(mm^2)；

t ——黏弹性材料厚度(mm)。

5.6.4 黏弹性消能器力学性能试验方法应按表 5.6.4-1 的规定进行。在相同的环境温度、加载幅值和频率下，黏弹性消能器力学性能要求应符合表 5.6.4-2 的规定。

表 5.6.4-1 黏弹性消能器力学性能试验方法

项目	试验方法
最大阻尼力、表观剪切模量、损耗因子、滞回曲线面积	输入位移采用 $D=D_{\mathrm{d}}\sin(2\pi f_1 t)$，采用位移控制方法连续加载 5 周，以第 3 周力-位移滞回曲线为基准，取滞回曲线的最大阻尼力作为最大阻尼力的实测值，取滞回曲线长轴的斜率作为表观剪切模量的实测值，取滞回曲线的零位移对应的阻尼力与最大位移对应的阻尼力的比值作为损耗因子的实测值，取滞回曲线包络的面积为滞回曲线面积的实测值

续表 5.6.4-1

项目	试验方法
极限应变	输入位移采用 $D=A\sin(2\pi f_1 t)$，A 从 $0.5D_d$ 开始，逐次增加 $0.25D_d$，每次采用位移控制方法连续加载 5 周，直至消能器破坏为止，取破坏时的前次加载 A 值对应的应变值，作为黏弹性消能器极限应变的实测值

注：试验应在标准环境温度(23 ℃±2 ℃)下进行；t 为时间(s)，f_1 为减震结构基频，D_d 为消能器设计位移。

表 5.6.4-2 黏弹性消能器力学性能要求

项目	性能要求
最大阻尼力、表观剪切模量、损耗因子、滞回曲线面积	实测值偏差在产品设计值的±10%以内
极限应变	每个产品极限应变实测值不应小于极限应变设计值，且不应小于 1.25 倍设计位移对应的应变
滞回曲线	实测滞回曲线应光滑、无异常

5.6.5 对于幅值相关性不明显的黏弹性消能器在加载幅值为0.5、0.75、1.0、1.25、1.5 倍设计位移(若极限应变对应位移小于1.5 倍设计位移，则取至极限应变对应位移为止)下的表观剪切模量和损耗因子的实测值偏差，不宜超过设计值的±10%；对于幅值相关性明显的黏弹性消能器，应通过直接或间接的方法考虑其幅值相关性。

5.6.6 黏弹性消能器耐久性能(包括老化性能、疲劳性能)试验方法按表 5.6.6-1 的规定进行。在相同的环境温度、加载幅值和频率下，黏弹性消能器耐久性能要求应符合表 5.6.6-2 的规定。

表 5.6.6-1 黏弹性消能器耐久性能试验方法

项目	试验方法
老化性能	把试件放入鼓风电热恒温干燥箱中，保持温度 80 ℃，经 192 h 后取出，按表 5.6.2 的规定进行力学性能试验

续表 5.6.6-1

项目	试验方法
疲劳性能	输入位移采用 $D=A\sin(2\pi f_1 t)$，采用位移控制方法连续加载 30 周，$1\sim5$ 周中 $A=D_d$，$6\sim25$ 周中 $A=0.5D_d$，$26\sim30$ 周中 $A=D_d$，以第 3 周和第 30 周力-位移滞回曲线为基准，计算最大阻尼力、表观剪切模量、损耗因子、滞回曲线面积

注：t 为时间(s)，f_1 为减震结构基频，D_d 为消能器设计位移。

表 5.6.6-2 黏弹性消能器耐久性能要求

试验内容	项目	性能要求
老化性能	变形	变化率在±5%以内
	最大阻尼力、表观剪切模量、损耗因子	变化率在±5%以内
	外观	目视无变化
疲劳性能	变形	变化率在±15%以内
	外观	目视无变化
	最大阻尼力	第 30 周相比第 3 周，性能下降不超过 15%
	表观剪切模量	
	损耗因子	
	滞回曲线面积	
	滞回曲线	实测滞回曲线应光滑、无异常，第 30 周相比第 3 周滞回曲线形状无明显变化

5.6.7 黏弹性消能器在－10 ℃～40 ℃温度下，按本标准表 5.6.4 的规定进行力学性能试验，每隔 10 ℃记录消能器最大阻尼力的实测值，实测值偏差不应超过设计值的±15%。

5.6.8 黏弹性消能器的最大阻尼力的加载频率相关性能和温度相关性能的变化曲线应有规律性。

5.6.9 线性黏弹性消能器的力学行为可采用开尔文(Kelvin)模型描述，见式(5.6.9)，针对其他呈现出非线性特征的黏弹性消能器，需建立对应的能考虑其非线性特征的力学模型。黏弹性消能器典型滞回曲线见图 5.6.9。

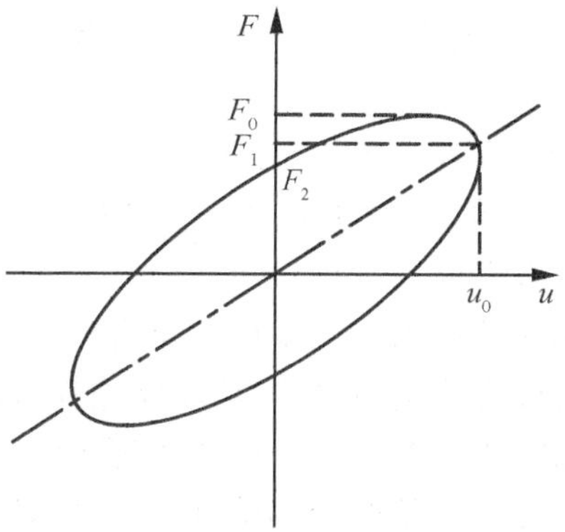

图 5.6.9　黏弹性消能器典型滞回曲线

图中：u_0—— 黏弹性消能器的最大位移(mm)；

F_0—— 黏弹性消能器的最大阻尼力(kN)；

F_1—— 黏弹性消能器的最大位移 u_0 处的阻尼力(kN)；

F_2—— 黏弹性消能器零位移处的阻尼力(kN)。

黏弹性阻尼器的恢复力模型(Kelvin)可以表示为一个弹簧力和一个阻尼力之和，即式(5.6.9)。

$$F_d(t)=K_1u+\frac{\eta_1K_1}{\omega}\dot{u} \tag{5.6.9}$$

式中：$F_d(t)$—— 消能器阻尼力；

K_1—— 储能刚度($K_1=F_1/u_0$)；

η_1—— 损耗因子；

ω—— 消能器运动圆频率；

u—— 消能器位移(mm)；

$\dot{u}$—— 消能器速度(mm/s)。

5.7 产品检验与力学性能参数确定

5.7.1 消能器产品检验分为型式检验、出厂检验和进场见证检验。

5.7.2 消能器型式检验应符合现行行业标准《建筑消能阻尼器》JG/T 209 及本标准的相关规定；型式检验应由专门认证的具有资质的独立第三方完成。

5.7.3 消能器出厂检验由产品生产厂家自身完成；出厂检验内容对金属消能器为外观检验，对黏滞消能器除外观检验外尚应包括常规力学性能和密闭性能检验；产品出厂受检率应为100%。

5.7.4 消能器进场见证检验为抽检，应由专门认证的具有资质的独立第三方完成，且符合下列规定：

1 黏滞消能器、黏弹性消能器力学性能的进场见证检验的抽检数量为：同一生产厂家、同一类型、同一规格的产品，取总数量的20%，且不少于2个；检测项目应包括常规力学性能和疲劳性能检验。在进行疲劳性能检验时，受检验产品中不少于同一厂家、同一类型、同一规格产品总数量的2%且不少于1个，应按设计速度连续加载30个循环进行检测（位移大于100 mm时加载5个循环），其余受检产品可允许按设计速度连续加载10个循环进行检测（位移大于100 mm时加载5个循环）；检测合格率为100%时，该批次产品可判定为合格。检测合格后，被检消能器若无任何损伤、力学性能仍满足正常使用要求时，可用于主体结构；对于进行连续加载30个循环（位移大于100 mm时加载5个循环）的产品，不宜用于主体结构。

2 金属消能器、屈曲约束支撑和消能构件的力学性能的进场见证检验应包括常规性能和疲劳性能；抽检数量不少于同一工程、同一类型、同一规格数量的3%。当同一类型、同一规格的消能器数量较少时，可在同一类型消能器中抽检总数量的3%，但不应少于 2 个，检测合格率应为 100%，该批次产品可用于主体结构。被检的消能器不能应用于主体结构。

5.7.5 产品检测合格率未达到 100%，该批次消能器不能在主体结构中使用。

5.7.6 根据试验数据确定消能器的性能参数应符合下列规定：

试验滞回曲线应基本匀称，根据曲线形状选择合适模型和适当偏差参数控制拟合精度，拟合得到的模型参数即可用作产品的实际参数。

5.7.7 消能器的抽样和检测应符合下列规定：

1 消能器的抽样应由监理单位根据本标准的有关规定进行。

2 消能器的力学性能检测的加载驱动装置应配有伺服系统，消能器受检时的受力状态应与实际工作状态一致。

3 消能器的力学性能检测应由经专门认证的具有资质的独立第三方承担，并由监理单位监督，设计单位根据检测报告与设计文件对消能器的力学性能要求的符合程度，判定消能器的性能是否合格。

6 消能减震结构设计

6.1 一般规定

6.1.1 消能减震结构设计应保证主体结构符合现行上海市工程建设规范《建筑抗震设计规程》DGJ 08—9 的规定；楼（屋）盖宜满足平面内无限刚性的要求。当楼（屋）盖平面内无限刚性要求不满足时，应考虑楼（屋）盖平面内的弹性变形，并建立符合实际情况的力学分析模型。抗震计算分析模型应同时包括主体结构与消能部件。

6.1.2 当在垂直相交的两个平面内布置消能器时，应分别按不同水平方向和双向地震作用进行结构分析，应考虑相交处的柱在双向地震作用下的受力。

6.1.3 消能减震结构的高度超过现行上海市工程建设规范《建筑抗震设计规程》DGJ 08—9 规定时，应进行专项研究。

6.1.4 消能减震结构构件设计时，应考虑消能部件引起的柱、墙、梁的附加轴力、剪力和弯矩作用。

6.2 消能部件布置原则

6.2.1 消能部件的布置应符合下列规定：

1 消能部件的布置宜使结构在两个主轴方向的动力特性相近。

2 消能部件的竖向布置宜使结构沿高度方向刚度均匀。

3 消能部件宜布置在层间相对位移或相对速度较大的楼

层，同时可采用合理形式增加消能器两端的相对变形或相对速度的技术措施，提高消能器的减震效率。

4 可通过抗震墙的连梁位置设置位移相关型消能部件，把抗震墙设计成双肢或多肢消能抗震墙。

5 消能部件的布置不宜使结构出现薄弱构件或薄弱层。

6 消能部件的设置位置及连接构造宜便于检查、维护和更换。

6.2.2 消能部件的布置宜使消能减震结构设计参数符合下列规定：

1 采用位移相关型消能器时，各楼层的消能部件有效刚度与主体结构层间刚度比宜接近，各楼层的消能部件水平剪力耗能与主体结构的弹性层间剪力与层间位移乘积的弹性能的比值宜接近。

2 采用黏滞消能器时，各楼层的消能部件的最大水平阻尼力耗能与主体结构的弹性层间剪力与层间位移乘积的弹性能的比值宜接近。

3 消能减震结构布置消能部件的楼层中，消能器的最大水平阻尼力在水平方向上分量之和不宜大于楼层层间屈服剪力的60%。

6.3 消能部件设计与减震效果评价

6.3.1 消能器与斜撑、支墩等附属构件组成消能部件时，支承构件沿消能器消能方向的刚度应符合式(6.3.1-1)和式(6.3.1-2)规定：

$$K_b \geqslant K_1 \quad (6.3.1\text{-}1)$$

$$K_b \geqslant 6K_e \quad (6.3.1\text{-}2)$$

式中：K_b ——支撑构件沿消能器消能方向的刚度(kN/m)；

K_1 ——消能器的初始刚度；

K_e——设计位移对应的损失刚度(有效刚度),即设计阻尼力与设计位移之比。

6.3.2 消能部件附加给结构的实际有效刚度和有效阻尼比,可按下列方法确定:

1 位移相关型消能部件和非线性速度相关型消能部件附加给结构的有效刚度可用等价线性化方法确定。

2 消能部件附加给结构的有效阻尼比可按以下两种方法估算。

1) 方法 1

$$\zeta_d = \eta_1 \sum_{j=1}^{m} \frac{W_{cj}}{4\pi W_s} \quad (6.3.2\text{-}1)$$

式中: ζ_d——消能减震结构的附加有效阻尼比;

W_{cj}——第 j 个消能部件在结构预期层间位移下往复循环一周所消耗的能量(kN·m);

W_s——消能减震结构在水平地震作用下的总应变能(kN·m);

m——消能部件的总个数;

η_1——有效阻尼比折减系数,一般取 0.7。

不计及扭转影响时,消能减震结构在水平地震作用下的总应变能,可按式(6.3.2-2)计算:

$$W_s = \sum F_i u_i / 2 \quad (6.3.2\text{-}2)$$

式中:F_i——质点 i 的水平地震作用标准值,一般取相应于第一振型的水平地震作用即可(kN);

u_i——质点 i 对应于水平地震作用标准值的位移(m)。

非线性黏滞消能器在水平地震作用下往复循环一周所消耗的能量,可按式(6.3.2-3)估算:

$$W_{cj} = \lambda_1 F_{dj\max} \Delta u_j \quad (6.3.2\text{-}3)$$

式中：λ_1——阻尼指数的函数，可按本标准表 6.3.2 取值；

$F_{dj\max}$——第 j 个消能器在相应水平地震作用下的最大阻尼力(kN)；

Δu_j——第 j 个消能器两端的相对水平位移(m)，应考虑消能器初始刚度对实际有效位移的影响，一般可取计算值的绝对最大值。

表 6.3.2　λ_1 值

阻尼指数 α	值
0.25	3.7
0.5	3.5
0.75	3.3
1	3.1

注：其他阻尼指数对应的值可线性插值。

位移相关型在水平地震作用下往复循环一周所消耗的能量，可按式(6.3.2-4)估算：

$$W_{cj}=A_j \tag{6.3.2-4}$$

式中：A_j——第 j 个消能器的恢复力滞回环在相对水平位移 Δu_j 时的面积(kN · m)。

2）方法 2

$$\zeta_d=\zeta_d(t)_{\max}=\eta_2\left(\zeta_0\times\frac{E_d(t)}{E_c(t)}\right)_{\max} \tag{6.3.2-5}$$

式中：ζ_0——消能减震主体结构的固有模态阻尼比；

$E_d(t)$——消能减震结构消能器累积耗能时程；

$E_c(t)$——消能减震主体结构固有模态阻尼累积耗能时程；

$\zeta_d(t)_{\max}$——消能减震结构附加有效阻力比时程的最大值，宜在输入时程峰值较大的有效持续时间段内选取，即在 $E_d(t)$ 时程增长激烈的时段内考察；

η_2 ——有效阻尼比折减系数，一般取 0.9。

3 应用式(6.3.2-1)或式(6.3.2-5)估算消能部件附加给结构的有效阻尼比时，宜选用能考虑消能器非线性特征的逐步积分法，瑞利阻尼的质量和刚度比例系数选取涉及的频率区间，应包含对响应有贡献的大部分频率。

6.3.3 采用振型分解反应谱分析时，结构有效阻尼比可采用附加阻尼比的迭代方法计算。附加黏滞消能器消能减震结构的有效阻尼比亦可采用等效对比的方法近似确定。

6.3.4 采用时程分析法计算消能器附加给结构的有效阻尼比时，消能器两端的相对水平位移、质点的水平地震作用标准值、质点对应于水平地震作用标准值的位移，应采用符合本标准第 3.1.4 条规定的时程分析结果的包络值。分析出的阻尼比和结构地震反应的结果应符合本标准第 3.1.4 条的规定。

6.3.5 采用静力非线性分析方法时，计算模型中消能器宜采用本标准第 5 章给出的恢复力模型，并由实际分析计算获得消能器附加给结构的有效阻尼比，不能采用预估值。位移相关型消能器可采用等刚度的杆单元代替，并根据消能器的力学特性于该杆单元上设置塑性铰，以模拟位移相关型消能器的力学特性。

6.3.6 消能减震结构在多遇、设防和罕遇地震作用下的附加有效阻尼比应分别计算。采用振型分解反应谱法计算主体结构构件截面验算地震作用效应时，宜取多遇地震作用下的附加有效阻尼比。该计算值超过 25％时，宜按 25％取用。

6.4 结构设计

6.4.1 消能减震结构多遇地震作用效应可按振型分解反应谱法计算，位移相关型消能部件刚度贡献宜取设防地震时的等效刚度，主体结构的附加阻尼比宜选取设防地震激励下有效计算值。非消能子结构构件的截面验算，应依据按本标准第 3 章的相关内力组合公式计算。

6.4.2 消能子结构的截面抗震验算宜符合下列规定：

1 消能子结构中非消能部件的梁、柱和墙构件是重要构件，按设防地震下不屈服原则设计，罕遇地震下的性能不低于中度损坏，且高于其他相邻构件。

2 消能子结构中非消能部件的梁、柱和墙截面设计应考虑消能器在极限位移或极限速度下的阻尼力作用。

3 消能部件采用高强螺栓或焊接连接时，消能子结构节点部位组合弯矩设计值应考虑消能部件端部的附加弯矩。

4 消能部件的节点和构件应进行消能器极限抗力作用下的截面验算。

5 当消能器的轴心与消能子结构非消能部件构件的轴线有偏差时，非消能部件构件应考虑消能器抗力引起附加弯矩或因偏心作用而引起的平面外弯曲的影响。

6.4.3 消能减震结构的抗震变形验算应符合下列规定：

1 消能减震结构的弹性层间位移角限值应按本标准表 3.5.1 的规定取值。

2 消能减震结构的弹塑性层间位移角限值应不大于本标准表 3.5.3-1 和表 3.5.3-2 规定的限值要求。

6.4.4 主体结构中的构造措施应符合下列规定：

1 抗震等级应按现行上海市工程建设规范《建筑抗震设计标准》DG J08—9 规定取值。

2 当整体抗震性能明显提高时，其抗震构造措施要求可适当降低，降低程度可根据主体结构罕遇地震下性能水准确定，当其位移角不大于中等损坏限值时，最大降低程度可达 1 度。

6.4.5 消能子结构的构造措施应符合下列要求：

1 按设防烈度提高 1 度实施。

2 为混凝土或型钢混凝土构件时，构件的箍筋加密区沿全长布置，箍筋最小直径应满足现行国家标准《混凝土结构设计规范》GB 50010 和现行行业标准《高层建筑混凝土结构技术规程》JGJ 3 的要求；为剪力墙时，其端部宜设暗柱，其箍筋加密区长度、箍筋最大间距和箍筋最小直径，应高于现行国家标准《混凝土结构设计规范》GB 50010 和现行行业标准《高层建筑混凝土结构技术规程》JGJ 3 中框架柱的要求。

3 为钢结构时，钢梁、钢柱节点的构造措施应按现行国家标准《钢结构设计标准》GB 50017 和现行行业标准《高层民用建筑钢结构技术规程》JGJ 99 中的中心支撑要求确定。

6.4.6 消能减震结构进行性能化抗震设计时，应结合建筑实际需求选择合适的性能水准和性能目标，性能目标与层间位移角对应关系见本标准的第 3.6 节。

7 消能器和结构的连接与构造

7.1 一般规定

7.1.1 消能器与主体结构的连接一般分为支撑型、墙型、柱型、门架型和腋撑型等，设计时应根据工程具体情况和消能器的类型合理选择连接形式。

7.1.2 当消能器采用支撑型连接时，可采用单斜支撑布置、“V”字形和“人”字形等布置，不宜采用“K”字形布置。支撑宜采用双轴对称截面，宽厚比或径厚比应满足现行行业标准《高层民用建筑钢结构技术规程》JGJ 99 的要求。

7.1.3 消能器与支撑、节点板、预埋件的连接可采用高强度螺栓连接、焊接或销轴连接，高强螺栓及焊接的计算、构造要求应符合现行国家标准《钢结构设计标准》GB 50017 的规定。

7.1.4 预埋件、支撑和支墩、剪力墙及节点板应具有足够的刚度、强度和稳定性。

7.1.5 消能器的支撑、连接元件、连接板或构件在正常使用状态和罕遇地震作用下均应保持弹性。

7.1.6 与消能器相连的预埋件、支撑和支墩、剪力墙及节点板的作用力取值应为消能器在设计位移或设计速度下对应阻尼力的 1.2 倍。

7.2 预埋件计算

7.2.1 预埋件的锚筋应按拉剪构件或纯剪构件计算总截面面积。

7.2.2 预埋件的锚筋和锚板设计应符合现行国家标准《混凝土结构设计规范》GB 50010 和现行行业标准《混凝土结构后锚固技术规程》JGJ 145 的规定。

7.3 支撑和支墩、剪力墙计算

7.3.1 支墩、剪力墙应按本标准第 7.1.6 条消能器附加的水平剪力进行截面验算。

7.3.2 支撑和支墩、剪力墙的计算长度应符合下列规定：

1 采用单斜消能部件时，支撑计算长度应取支撑与消能器连接处到主体结构预埋连接板连接中心处的距离。

2 采用"人"字形支撑时，支撑计算长度应取布置消能器水平梁平台底部到主体结构预埋连接板连接中心处的距离。

3 采用柱型支撑时，支撑计算长度应取消能器上连接板或下连接板到主体结构梁底或顶面的距离。

7.3.3 与消能器连接的支撑、支墩、剪力墙的刚度应满足本标准第 6.3.1 条的要求。

7.4 节点板计算

7.4.1 节点板设计时应验算节点板构件的截面、节点板与预埋板间高强螺栓或焊缝的强度。

7.4.2 节点板在抗拉、抗剪作用下的强度应按下列公式计算：

$$\sigma = \frac{N}{\sum(\eta_i A_i)} \leqslant f \qquad (7.4.2\text{-}1)$$

$$\eta_i = \frac{1}{\sqrt{1+2\cos^2\alpha_i}} \qquad (7.4.2\text{-}2)$$

式中：N ——作用于节点板上的消能器作用力，按本标准第 7.1.6

条的规定取值(N)；

A_i—— 第 i 段破坏面的截面积，$A_i = tl_i$，当为螺栓连接时，应取净截面面积(mm^2)；

η_i—— 第 i 段的拉剪折算系数；

f ——钢材的抗拉和抗剪强度设计值(N/mm^2)；

α_i—— 第 i 段破坏线与拉力轴线的夹角；

t ——板件厚度(mm)；

l_i—— 第 i 段破坏段的长度(mm)，应取板件中最危险的破坏线的长度(图 7.4.2)。

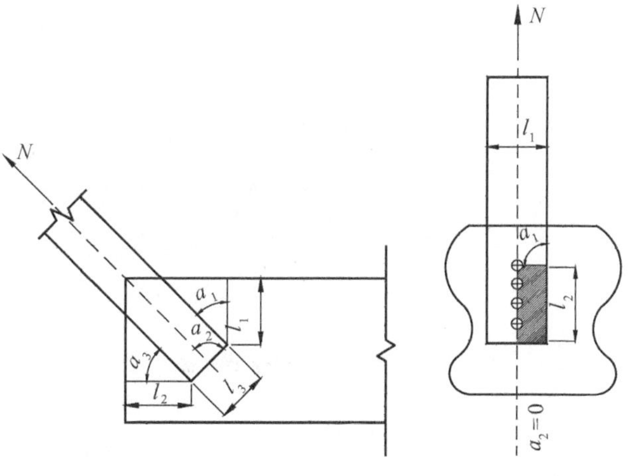

(a) 焊接　　(b) 螺栓连接

图 7.4.2 节点板的拉、剪撕裂

7.4.3 节点板在压力作用下的稳定性，应符合下列规定：

1 对梁柱相交处有斜向支撑或消能器的节点，其节点板 c/t 不得大于 $22\sqrt{235/f_y}$。当 c/t 不大于 $15\sqrt{235/f_y}$ 时，可不进行稳定验算。否则，按本条第 3 款进行计算。

2 对框架梁上的节点，其节点板 c/t 不得大于 $17.5\sqrt{235/f_y}$。

当 c/t 不大于 $10\sqrt{235/f_y}$ 时，节点板的稳定承载力可取为 $0.8b_e tf$；当 c/t 大于 $10\sqrt{235/f_y}$ 时，按本条第 3 款进行计算。

3 设有斜向支撑或消能器的节点板，在其轴向压力作用下，节点板 $\overline{BA}$、$\overline{AC}$ 和 $\overline{CD}$ 的稳定性应满足下列要求（图 7.4.3-1 和图 7.4.3-2）：

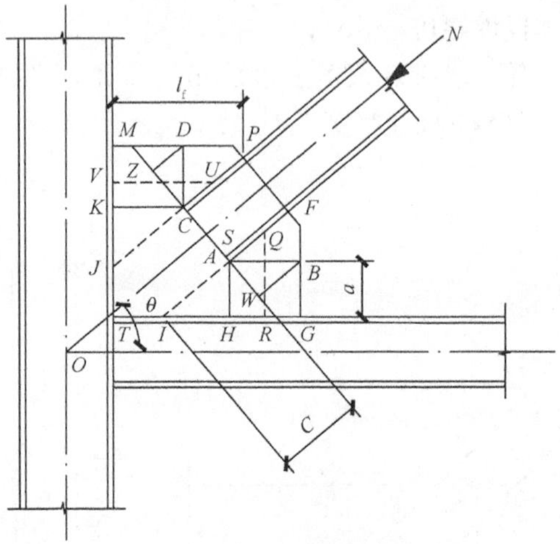

图 7.4.3-1 单斜撑节点板

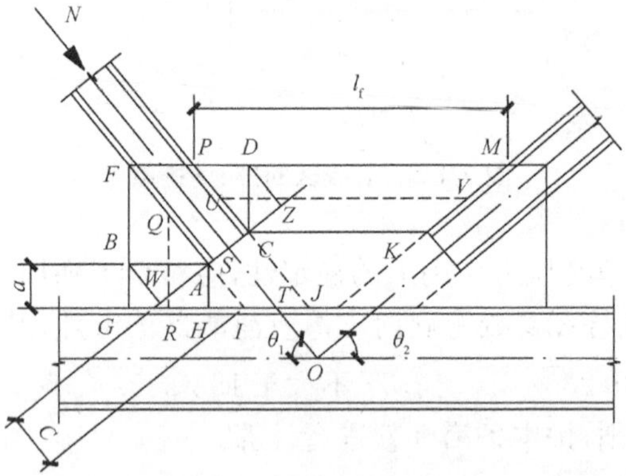

图 7.4.3-2 双斜撑节点板

$\overline{BA}$ 区：

$$\frac{b_1}{(b_1+b_2+b_3)}N\sin\theta_1 \leqslant l_1 t_s \varphi_1 f \qquad (7.4.3\text{-}1)$$

$\overline{AC}$ 区：

$$\frac{b_2}{(b_1+b_2+b_3)}N \leqslant l_2 t_s \varphi_2 f \qquad (7.4.3\text{-}2)$$

$\overline{CD}$ 区：

$$\frac{b_3}{(b_1+b_2+b_3)}N\cos\theta_1 \leqslant l_3 t_s \varphi_3 f \qquad (7.4.3\text{-}3)$$

式中：　N——作用于节点板上的轴力，一般为消能器的极限承载力(N)；

t_s——节点板厚度(mm)；

l_1，l_2，l_3——分别为屈折线$\overline{BA}$、$\overline{AC}$、$\overline{CD}$的长度(mm)；

φ_1，φ_2，φ_3——各受压区板件的轴心受压稳定系数，可按现行国家标准《钢结构设计标准》GB 50017 中 b 类截面查取；其相应的长细比分别为：$\lambda_1=2.77\,\overline{QR}/t$，$\lambda_2=2.77\,\overline{ST}/t$，$\lambda_3=2.77\,\overline{UV}/t$；式中$\overline{QR}$、$\overline{ST}$、$\overline{UV}$为$\overline{BA}$、$\overline{AC}$、$\overline{CD}$三区受压板件的中线长度；其中$\overline{ST}=c$；$b_1$、$b_2$、$b_3$为各屈折线段在有效宽度线上的投影长度，$b_1$、$b_2$、$b_3$分别为$\overline{WA}$、$\overline{AC}$、$\overline{CZ}$的长度。

7.4.4 屈曲约束支撑连接节点应能够承担“V”字形、“人”字形支撑产生的竖向力差值。

7.5　消能器与结构连接的构造要求

7.5.1 预埋件的锚筋应与钢板牢固连接，锚筋的锚固长度应满足现行国家标准《混凝土结构设计规范》GB 50010 的相关规定。当无法满足锚固长度的要求时，应采取其他可靠锚固措施。对于新建消能减震结构，与预埋件相连接的梁、柱（暗柱）等构件在预埋件及自预埋件外侧算起的加密区长度范围内的箍筋均应加密，并满足相关规范、标准、规程对箍筋加密区的有关规定。

7.5.2 支撑长细比、宽厚比应符合现行国家标准《钢结构设计标准》GB 50017 和现行行业标准《高层民用建筑钢结构技术规程》JGJ 99 中有关中心支撑的规定。

8　消能部件的施工、验收和维护

8.1　一般规定

8.1.1　消能部件的制作单元，宜根据制作、安装和运输条件及消能部件的特点确定。消能部件工程应作为主体结构分部工程的一个子分部工程进行施工和质量验收。消能减震结构的消能部件工程也可划分成若干个子分部工程。

8.1.2　消能部件子分部工程项目的施工，宜根据本标准规定，结合主体结构的材料、体系、消能部件及施工条件，编制专项施工方案。

8.1.3　消能部件子分部工程的施工作业，宜划分为消能器部件进场验收和消能部件安装、验收、防护两个阶段。消能器进场验收应提供下列资料：

　　1　消能器力学性能抽检报告。

　　2　监理单位、设计单位和建设单位对消能器检验的确认单。

　　3　产品出厂合格证。

8.1.4　消能部件中钢部件的制作安装应符合现行国家标准《钢结构工程施工标准》GB 50755 和《钢结构工程质量验收规范》GB 50205 的有关规定并满足设计文件的要求。

8.2　消能部件进场验收

8.2.1　消能部件包括消能器和钢连接件。消能器进场验收时，应具有产品的第三方力学性能检测合格报告；消能器类型、规格、尺寸偏差和性能参数，应符合设计文件和现行行业标准《建筑消能阻尼器》JG/T 209、《建筑消能减震技术规程》JGJ 297 和本标准相关条文的规定。

8.2.2 消能器制作中所采用的各类材料的品种、规格和性能指标应符合现行国家有关产品标准要求。

8.2.3 钢连接件的制作安装中，所用的钢材、焊接材料、紧固件和涂料应具有质量合格证书，并符合设计文件规定。

8.3 消能部件的施工安装顺序

8.3.1 消能部件的施工安装顺序，应由设计单位、施工单位和消能部件生产厂家共同商讨确定，并符合现行国家标准《混凝土结构工程施工规范》GB 50666 和《钢结构工程施工规范》GB 50755 的规定。

8.3.2 消能减震结构的施工安装顺序制定，应包括下列内容：

1 划分结构的施工流水段。

2 确定结构的消能部件及主体结构构件的总体施工顺序，并编制总体施工安装顺序表。

3 确定同一部位各消能部件及主体结构构件的局部安装顺序，并编制安装顺序表。

8.3.3 对于钢结构，消能部件和主体结构构件的总体安装顺序宜采用平行安装法，平面上应从中部向四周开展，竖向应从下向上逐渐进行。当消能部件主要承受水平剪力、不承担竖向压力时，宜待竖向变形稳定后终固；当消能部件既承受水平剪力、又承担竖向压力时，安装后即可终固。

8.3.4 对于现浇混凝土结构，消能部件和主体结构构件总体施工安装顺序宜采用后装法进行。

8.3.5 对于木结构和装配式混凝土结构，各类构件或部件的总施工安装顺序，可按本标准相关内容执行。

8.3.6 既有消能减震加固结构，消能部件的总体施工安装顺序可按本标准相关结构形式的消能部件安装方法进行。

8.3.7 同一部位各消能部件的局部安装顺序编制应包括下列内容：

1 确定同一部位各消能部件的现场安装单元、安装连接顺序。

2 编制同一部位各消能部件的局部安装连接顺序，包括消能器、支撑、支墩、连接件的类型、规格和数量。

8.3.8 同一部位消能部件的现场安装单元及局部安装连接顺序，同一部位消能部件的制作单元超过 1 h，宜先将各制作单元及连接件在现场地面拼装为扩大安装单元后，再与主体结构进行连接。

消能部件的现场安装单元或扩大安装单元与主体结构的连接，应采用现场原位连接。

8.4 施工测量和消能部件的安装、校正

8.4.1 消能部件平面与标高的测量定位、施工测量放样和安装测量定位应符合现行国家标准《工程测量规范》GB 50026 和现行行业标准《建筑变形测量规范》JGJ 8 的要求，应编制专项方案。

8.4.2 消能部件安装前，准备工作应包括下列内容：

1 消能部件的定位轴线、标高点等应进行复查。

2 消能部件的运输进场、存储及保管应符合制作单位提供的施工操作说明书和国家现行有关标准的规定。

3 按照消能器制作单位提供的施工操作说明书的要求，应核查安装方法和步骤。

4 对消能部件的制作质量应进行全面复查。

8.4.3 消能部件安装的吊装就位、测量校正应符合设计文件的要求。

8.5 消能部件安装的焊接和紧固件连接

8.5.1 消能部件安装接头节点的焊接、螺栓连接，应符合设计文件和现行国家标准《钢结构焊接规范》GB 50661 及现行行业标准《钢结构高强度螺栓连接技术规程》JGJ 82 的规定。

8.5.2 消能部件采用铰接连接时，消能部件与销栓或球铰等铰接件之间的间隙应符合设计文件要求；当设计文件无要求时，间隙不应大于 0.3 mm。

8.5.3 消能部件安装连接完成后，应符合下列规定：

1 消能器没有形状异常及损害功能的外伤。

2 消能器的黏滞材料未泄漏，未出现涂层脱落和生锈。

3 消能部件的临时固定件应予撤除。

8.6 施工安全和施工质量验收

8.6.1 消能部件的施工应符合现行行业标准《建筑施工高处作业安全技术规范》JGJ 80 和《建筑机械使用安全技术规程》JGJ 33 的有关规定，并根据消能部件的施工安装特点，在施工组织设计中制定施工安全措施。

8.6.2 消能部件子分部工程有关安全及功能的见证取样检测项目和检验项目可按表 8.6.2 的规定执行。

表 8.6.2 消能部件子分部工程有关安全及功能的见证取样检测项目和检验项目

项次	项目	抽检数量及检验方法	合格品质标准
1	见证取样送样检验项目： (1) 消能部件钢材复验； (2) 高强度螺栓预拉力和扭矩系数复验； (3) 摩擦面抗滑移系数复验	按《钢结构工程施工质量验收标准》GB 50205 及《钢结构工程施工规范》GB 50755 的有关规定	《钢结构工程施工质量验收标准》GB 50205 的有关规定

续表8.6.2

项次	项目	抽检数量及检验方法	合格品质标准
2	焊缝质量： (1) 焊缝尺寸； (2) 内部缺陷； (3) 外观缺陷	一、二级焊缝按焊缝处数随机抽检 3%，且不应少于 3 处；检验采用超声波或射线探伤及量规、观察	《钢结构工程施工质量验收标准》GB 50205 的有关规定
3	高强度螺栓施工质量： (1) 终拧扭矩； (2) 梅花头检查	按节点数随机抽检 3%，且不应少于 3 个节点；检验方法应符合《钢结构工程施工质量验收标准》GB 50205 的规定	《钢结构工程施工质量验收标准》GB 50205 的有关规定
4	消能部件平面外垂直度	随机抽查 3 个部位的消能部件	符合设计文件及《钢结构工程施工质量验收标准》GB 50205 的有关规定

8.6.3 消能部件子分部工程的观感质量检查项目可按表 8.6.3 的规定执行。

表 8.6.3 消能部件子分部工程观感质量检查项目

项次	项目	抽检方法、数量	合格品质标准
1	消能部件的普通涂层表面	随机抽查 3 个部位的消能部件	均匀、无气泡、无皱纹
2	连接节点	随机抽查 10%	连接牢固，无明显外观缺陷
3	工作范围内的障碍物	随机抽查 10%	在工作范围内无障碍物

8.7 维 护

8.7.1 消能部件的检查根据检查时间或时机可分为定期检查和应急检查，根据检查方法也可分为目测检查、抽样进行试验检验或采用仪器测试检验。

8.7.2 消能部件应根据消能器的类型、使用期间的具体情况、消能器设计使用年限和设计文件要求等进行定期检查。金属消能器、屈曲约束支撑和黏滞消能器在正常使用情况下宜每隔 10 年检查一次,目测外露金属表面锈蚀、漏油情况。二次装修时应对所有消能器应进行目测检查。在达到设计使用年限时应进行抽样检验。消能部件在遭遇地震、强风、火灾等灾害后应进行抽样检验。

8.7.3 消能器目测检查时,应观察消能器、支撑及连接构件等的外观、变形及其他问题。目测检查内容及维护方法应符合表 8.7.3 的规定。

表 8.7.3 目测检查内容及维护方法

序号	检查内容	维护方法
1	黏滞消能器的导杆上漏油,黏滞阻尼材料泄漏	更换消能器
2	金属消能器、屈曲约束支撑、摩擦消能器产生明显的累积损伤,出现弯曲、扭曲	更换消能器
3	焊缝有裂纹、螺栓、锚栓的螺母松动或出现间隙,连接件出现错动移位、松动等	拧紧、补焊
4	黏滞消能器的导杆、摩擦消能器的外露摩擦界面出现腐蚀、表面污垢、硬化、结斑、结块	及时清除
5	消能部件被涂装的金属表面、焊缝或紧固件表面涂装层出现裂纹、起皮、剥落、老化、金属表面外露及锈蚀	重新涂装,锈蚀严重到影响承载力时则更换
6	消能器周围存在可能限制消能器正常工作的障碍物	及时清除

9 隔震建筑一般要求

9.1 一般规定

9.1.1 本章适用于设置隔震层以隔离水平地震动的房屋隔震设计。隔震技术可用于对抗震安全性和使用功能有较高要求或者专门要求的建筑。

9.1.2 建筑结构隔震设计方案应根据建筑的抗震设防类别、抗震设防烈度、建筑高度、场地和地基条件、结构材料和施工等因素，经技术、经济和使用条件综合比较，且与非隔震抗震设计方案对比分析后确定。

9.1.3 建筑结构采用隔震设计时应符合下列各项要求：

1 结构高宽比宜小于3，且不应大于相关规程对非隔震结构的具体规定，其变形特征接近剪切变形，最大高度应满足本标准非隔震结构的要求；高宽比大于3或不满足非隔震结构相关规定的结构采用隔震设计时，应进行专门研究。

2 建筑场地应选用稳定性较好的基础类型。当在Ⅳ类场地土上建造隔震建筑时，需明确建筑场地水平运动的卓越周期，保证隔震建筑在罕遇地震作用下的基本周期远离建筑场地水平运动的卓越周期，并保证罕遇地震作用下隔震层的等效黏滞阻尼比大于10%。

3 风荷载和其他非地震作用的水平荷载标准值产生的总水平力不宜超过结构总重力的10%。

4 隔震层应提供必要的竖向承载力、侧向刚度和阻尼，侧向刚度应能保证隔震层在罕遇地震作用下的弹性复位能力；穿过隔震层的设备配管、配线，应采用柔性连接或其他有效措施以适应隔震层的罕遇地震水平位移。

5 当不满足上述要求时，应进行详细的结构分析并采取可靠措施。体型复杂或有特殊要求的结构采用隔震方案时，宜通过模型试验后确定。

9.1.4 隔震设计时，隔震装置应符合下列要求：

1 隔震装置的性能参数应经试验确定。

2 隔震装置的设置部位，应采取便于检查和替换的措施。

3 设计文件上应注明对隔震装置的性能要求，安装前应按规定进行检测，确保性能符合要求。

9.1.5 建筑结构的隔震设计也可按抗震性能目标的要求进行基于性能的设计。性能目标可根据需要选定针对整个结构、结构的局部、结构的关键部位或关键部件等。

9.2 隔震支座要求

9.2.1 隔震层的隔震支座应符合下列要求：

1 支座在压应力设计值作用下，应具有良好的耐久性。支座在水平使用荷载和结构自重及竖向使用荷载的长期作用下不应发生不可恢复的永久水平剪切变形。支座的刚度、阻尼特性应在相应设计基准周期内变化不大，徐变量能够得到控制。

2 支座在由竖向地震及上部结构倾覆作用导致的瞬时极限压应力作用下，应能保持正常工作状态。

3 支座宜具有与上部结构和场地条件相适应的抗拉能力。对于大高宽比结构，若采用抗拉能力不足的橡胶支座或没有抗拉能力的滑板支座和摩擦摆支座，可在最易出现拉应力的角部支座设计安装支座抗拉装置。对于采用抗拉装置的隔震结构，应进行专门设计研究。

4 支座在设计压应力值作用下，应具有满足要求的极限水平变位能力。

5 支座应具有一定的耗能能力。若支座提供的耗能能力不足,可考虑增加附加耗能装置。

6 支座应具有合适的水平刚度特性。支座的水平刚度值既需满足延长结构周期要求,也应满足控制极限位移和结构抵御风荷载和微振动等要求,并能为隔震层提供自动复位能力。

注:1 压应力设计值应按永久荷载和可变荷载的组合计算;其中,楼面活荷载应按现行国家标准《建筑结构荷载规范》GB 50009 的规定乘以折减系数。

2 结构倾覆验算时,应包括水平地震作用效应组合;对需要进行竖向地震作用计算的结构,尚应包括竖向地震作用效应组合。

9.2.2 隔震设计应根据预期的竖向承载力、水平向减震系数和位移控制要求,选择适当的隔震装置及抗风装置组成结构的隔震层。隔震支座应进行竖向承载力验算和罕遇地震作用下水平位移的验算;其水平刚度、竖向刚度、阻尼、荷载-位移关系等特性应根据本标准第 10 章的规定经试验确定。

9.2.3 隔震支座由试验确定设计参数时,竖向荷载应保持本标准规定的压应力限值;对水平向减震系数计算,应取剪切变形 100%的等效刚度和等效黏滞阻尼比;对罕遇地震验算,宜采用剪切变形 250%时的等效刚度和等效黏滞阻尼比。当隔震支座直径较大时可采用剪切变形 100%时的等效刚度和等效黏滞阻尼比。当采用时程分析时,应以试验所得滞回曲线作为计算依据。

9.3 结构分析

9.3.1 建筑结构隔震设计的计算分析,应符合下列规定:

1 分析模型应能够反映隔震结构的特性,应根据不同的目的来设置适当的分析模型,一般需考虑上部结构的模型化、隔震支座的模型化、阻尼器模型化及下部结构的模型化;隔震体系的计算简图(图 9.3.1),应增加由隔震支座及其顶部梁板组成的质点；对变形特征为剪切型的结构可采用剪切模型；在设防烈度地震作用下，隔震层以上结构的质心与隔震层刚度中心的偏心率大于3%时，应计入扭转效应的影响。隔震层顶部的梁板结构，应作为其上部结构的一部分进行计算和设计。

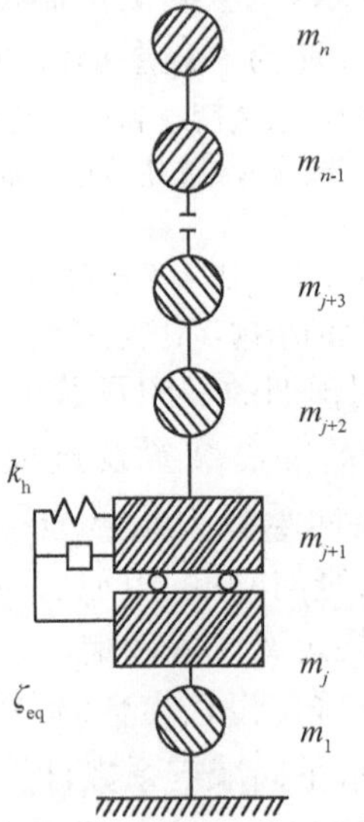

图 9.3.1　隔震结构计算简图

2　一般情况下，宜采用时程分析法进行计算；输入地震波的反应谱特性和数量，应符合现行国家标准《建筑抗震设计规范》GB 50011 的规定，计算结果宜取其包络值；当处于发震断层 10 km 以内时输入地震波应考虑近场影响系数，5 km 以内宜取 1.5，5 km 以外可取不小于 1.25。

3　砌体结构及基本周期与其相当的结构，且满足本标准第 9.1.3 条相关规定时，水平地震作用可采用等效侧力法计算。

4　砌体结构可按照现行国家标准《建筑抗震设计规范》GB 50011 附录 L 简化计算。

9.3.2　时程分析法的相关说明，包括地震波选取、峰值取值、计算模型相关要求等，可参考现行上海市工程建设规范《建筑抗震设计规程》DGJ 08—9 的相关规定。

9.3.3 等效侧力法计算详细过程，包括地震影响系数的选取、地震作用标准值计算及分布假设、隔震层层间剪力和位移计算等，可按现行上海市工程建设规范《建筑抗震设计规程》DGJ 08—9 的相关规定执行。

9.4 连接与节点

9.4.1 隔震层与上部结构的连接，包括隔震层顶部设置梁板楼盖要求及隔震支座与阻尼装置连接构造要求等，应满足本标准相关章节的规定。

9.4.2 对穿越隔震层的设备配管、配线和有可能含有害介质的重要管道，应采用柔性连接或其他有效保护措施。穿越隔震层的柔性管线，应在隔震缝处预留足够的伸展长度。

9.4.3 利用构件钢筋作避雷线时，应采用柔性导线连通隔震层上下部分的钢筋。

9.4.4 水平隔离缝和竖向隔离缝设置应满足本标准相关要求。

9.4.5 当门厅入口、室外踏步、室内楼梯节点、楼梯扶手、电梯井道、地下室坡道、车道入口处等穿越隔震层时，应采取隔震脱离措施，并应符合设计要求。

9.4.6 对水平隔震缝的封闭处理，宜采用柔性材料或者低强度脆性材料填充；对竖向隔离缝的封闭处理，宜采用柔性材料覆盖，且均不应阻碍隔离缝发生自由水平位移。

9.5 隔震部件材料与施工

9.5.1 隔震部件应符合下列要求：

1 各类隔震支座产品必须经检验合格并能提供相应技术性

能指标。隔震支座的技术性能和试验应符合相关要求,并符合有关产品标准的规定。

2 每项工程采用的隔震支座产品必须经出厂检验合格,符合设计要求并提供相应技术性能指标。隔震支座产品性能型式检验和产品性能出厂检验不能相互替代。

3 设置隔震部件时,除按计算确定外,尚应采取便于检查和替换的措施。

4 设计文件上应注明对隔震部件的性能要求。安装前应对工程中采用的各种类型和规格的原型部件进行抽样检测,每种类型和每一规格的抽样数量不应少于3个,抽样检测的合格率应为100%。

5 为确保隔震装置质量,应在工厂生产时进行产品性能检验,施工时进行监督管理,竣工时进行综合检查。

9.5.2 隔震结构的施工安装、施工测量及工程验收应符合相关规定。

9.5.3 隔震层装置的施工顺序包括隔震装置先安装方式和隔震装置后安装方式,设计者应在理解各方式特征的基础上进行设计。

9.5.4 隔震层的上部结构施工易在水平方向产生位移,施工时应采取措施予以克服。

9.5.5 在隔震建筑周围可动部分施工中,要确保水平向和竖向可移动量满足设计需求,并考虑施工误差影响。

9.5.6 相关施工要求应符合下列规定:

1 支座的支墩(柱)与承台或底板宜分开施工,承台或底板混凝土应振捣平整。

2 承台、底板混凝土初凝前,应进行测量定位,绑扎支墩(柱)的钢筋及周边钢筋,应预留预埋钢筋或锚杆、套筒的位置。

3 下支墩(柱)上的连接板在安装过程中,应对其轴线、标高和水平度进行精确的测量定位,并应用连接螺栓对螺栓孔进行临时旋拧封闭。

4 安装下支墩(柱)侧模，应用水准仪测定模板高度，并应在模板上弹出水平线。

5 浇筑下支墩(柱)混凝土时，应减少对预埋件的影响。混凝土浇筑完毕后，应对支座中心的平面位置和标高进行复测并记录；若有移动，应立即校正。

6 模板拆除后，应采用同强度的水泥砂浆进行找平，找平后应对砂浆面进行标高复核。

7 安装支座时，应用全站仪或水准仪复测支座标高及平面位置，并应拧紧螺栓。

8 上支墩(柱)连接件在安装过程中，应对其轴线、标高和水平度进行精确的测量定位。

9.6 耐久性规定

9.6.1 隔震层的设计工作年限不应低于上部结构的设计工作年限，一般应大于50年。

9.6.2 设计文件中应明确隔震装置的耐久性能。隔震层分析，包括下部结构、支座及上部结构都应考虑支座材料性能在整个工程设计基准周期内的变异情况。导致材料性能变异的因素包括老化、污染、温度、加载速率等。

9.6.3 橡胶隔震支座及橡胶材料的耐久性性能要求应满足现行国家标准《橡胶支座　第3部分：建筑隔震橡胶支座》GB 20688.3的相关要求。

10 隔震支座的技术性能

10.1 一般规定

10.1.1 隔震支座的技术性能和试验应符合本章的有关要求，并应符合有关产品标准的规定。

10.1.2 各类隔震支座的产品性能必须经检验合格，并提供下列性能指标：

1 在轴压应力设计值作用下的竖向刚度。

2 在轴压应力设计值作用下的竖向变形性能。

3 竖向极限压应力。

4 在水平位移为 0.55 倍有效直径时的竖向极限压应力。

5 竖向极限拉应力。

6 在轴压应力设计值作用下，水平剪切应变分别为 50%、100%和 250%，且相应的水平加载频率分别为 0.3 Hz、0.2 Hz 和 0.1 Hz 时的有效水平刚度。

7 在轴压应力设计值作用下，水平剪切应变分别为 50%、100%和 250%，且相应的水平加载频率分别为 0.3 Hz、0.2 Hz 和 0.1 Hz 时的有效阻尼比。

8 在轴压应力设计值作用下的水平极限变形能力。

9 耐久性能，包括老化性能、徐变性能和疲劳性能。

10 其他相关性能，包括在不同竖向轴压应力、水平剪切应变、水平加载频率、环境温度下的水平刚度和阻尼比的变化率。

11 耐火性能。

12　有特殊要求的性能，如抗腐蚀性、耐水性等。

10.1.3　每项工程采用的隔震支座的产品性能必须经出厂检验合格，符合设计要求并提供下列性能指标：

1　在轴压应力设计值作用下的竖向刚度。

2　在轴压应力设计值作用下，水平剪切应变分别为 50%、100%和 250%，且相应的水平加载频率分别为 0.3 Hz、0.2 Hz 和 0.1 Hz 时的有效水平刚度。

3　在轴压应力设计值作用下，水平剪切应变分别为 50%、100%和 250%，且相应的水平加载频率分别为 0.3 Hz、0.2 Hz 和 0.1 Hz 时的有效阻尼比。

10.1.4　对有芯型或其他含有阻尼器装置的隔震支座，应满足第 10.1.2、10.1.3 条的所有要求，并应提供在轴压应力设计值作用下的水平剪切屈服剪力、屈服前水平刚度和屈服后水平刚度。

10.1.5　对于叠层橡胶隔震支座，支座的压应力破坏极限值不应小于 90 MPa，隔震支座的拉应力屈服极限值不应小于 1.5 MPa。

10.1.6　隔震支座产品性能的出厂检验数量，每项工程每种主要规格不应少于 3 个。如发现有不合格产品，应加倍进行抽检；在加倍抽检中如仍出现不合格产品，则必须进行全数检查。

10.1.7　隔震支座的产品性能型式检验和产品性能出厂检验不能互相代替。

10.1.8　检验不合格的产品及检验后性能发生变化不能满足正常使用要求的产品，不得在工程中使用。

10.1.9　隔震支座的力学性能检验，应在能按不同频率施加反复循环荷载的、符合要求的伺服试验机上进行。

10.2　叠层橡胶支座

10.2.1　第一形状系数 S_1 分为无开孔支座和开孔支座两种情况，

分别按下列公式计算：

1）无开孔支座的 S_1 按式(10.2.1-1)和式(10.2.1-2)计算：

$$圆形支座：S_1=\frac{d_0}{4t_r} \tag{10.2.1-1}$$

$$方形支座：S_1=\frac{a}{4t_r} \tag{10.2.1-2}$$

式中：d_0——内部钢板的外部直径(mm)；

t_r——单层橡胶层的厚度(mm)；

a——方形支座内部橡胶的边长(mm)。

2）开孔支座的 S_1 按式(10.2.1-3)和式(10.2.1-4)计算：

$$圆形支座：S_1=\frac{d_0-d_i}{4t_r} \tag{10.2.1-3}$$

$$方形支座：S_1=\frac{4a^2-\pi d_i^2}{4t_r(4a+\pi d_i)} \tag{10.2.1-4}$$

式中：d_i——内部钢板的开孔直径(mm)。

若孔洞灌满橡胶或铅，则按无开孔支座考虑。

10.2.2 第二形状系数 S_2 按式(10.2.2-1)和式(10.2.2-2)计算：

$$圆形支座：S_2=\frac{d_0}{T_r} \tag{10.2.2-1}$$

$$方形支座：S_2=\frac{a}{T_r} \tag{10.2.2-2}$$

式中：T_r——内部橡胶总厚度。

10.2.3 竖向压缩性能刚度、压缩位移和压应变的计算如下：

竖向压缩刚度 K_V 可按式(10.2.3-1)计算：

$$K_V=\frac{E_cA}{T_r} \tag{10.2.3-1}$$

式中：E_c ——修正压缩弹性模量，见现行国家标准《橡胶支座 第 3 部分：建筑隔震橡胶支座》GB 20688.3 附录 C。

A ——有效面积，支座内部橡胶的平面面积。

压缩位移 Y 和压应变 ε_c 可按(10.2.3-2)和式(10.2.3-3)计算：

$$Y=\frac{P}{K_V} \tag{10.2.3-2}$$

$$\varepsilon_c=\frac{Y}{T_r} \tag{10.2.3-3}$$

式中：P ——压力。

10.2.4 水平等效刚度、剪应变和等效阻尼比

水平等效刚度 K_h 可按式(10.2.4-1)计算：

$$K_h=G\frac{A}{T_r} \tag{10.2.4-1}$$

式中：G ——橡胶的剪切模量。

若考虑剪应变对橡胶剪切模量的影响，水平等效刚度 K_h 可按式(10.2.4-2)计算：

$$K_h=G_{eq}(\gamma)\frac{A}{T_r} \tag{10.2.4-2}$$

式中：$G_{eq}(\gamma)$—— 剪应变为 γ 时的等效剪切模量，见现行国家标准《橡胶支座 第 3 部分：建筑隔震橡胶支座》GB 20688.3 附录 D。

剪切模量 G 应在恒定压力和不同剪应变作用下，由试验确定。试件应采用足尺或缩尺模型支座。

若试验时的压应力 σ 与设计压应力 σ_0 相差较大，则橡胶剪切模量 G 还应考虑压应力的影响，水平等效刚度 K_h 可按式(10.2.4-3)计算：

$$K_h=G\left[1-\left(\frac{\sigma}{\sigma_{cr}}\right)^2\right]\frac{A}{T_r} \tag{10.2.4-3}$$

式中：σ ——支座压应力(MPa)；

σ_{cr} ——支座临界应力(MPa)，按第 10.2.5 条中式(10.2.5-1)计算。

对于铅芯橡胶支座，水平等效刚度 K_h 可按(10.2.4-4)计算：

$$K_h = \frac{K_d X + Q_d}{X} \tag{10.2.4-4}$$

式中：K_d—— 铅芯橡胶支座的屈服后刚度；

Q_d—— 屈服力；

X—— 剪切位移。

剪应变 γ 可按式(10.2.4-5)计算：

$$\gamma = \frac{X}{T_r} \tag{10.2.4-5}$$

等效阻尼比 h_{eq} 可按式(10.2.4-6)计算：

$$h_{eq} = \frac{1}{2\pi}\frac{W_d}{K_h X^2} \tag{10.2.4-6}$$

式中：W_d ——为剪力-剪切位移滞回曲线的包络面积，即每加载循环所消耗的能量(N・mm)，由试验确定。

10.2.5 剪应变为零时，支座失稳的压应力为支座临界应力 σ_{cr}，按式(10.2.5-1)计算：

$$\sigma_{cr} = \frac{\pi}{4}\xi S_2 \sqrt{E_b G} \tag{10.2.5-1}$$

式中：G ——橡胶剪切模量(对应于剪应变 100%)(N/mm^2)，对铅芯橡胶支座，G 不考虑铅芯的影响；

ξ—— 临界应力计算系数，圆形支座：$\xi=1$；方形支座：$\xi=2/\sqrt{3}$；

E_b—— 受弯时，橡胶表观弹性模量(N/mm^2)，可按式(10.2.5-2)计算：

$$\frac{1}{E_b}=\frac{1}{E_0[1+(2/3)\kappa S_1^2]}+\frac{1}{E_\infty} \qquad (10.2.5\text{-}2)$$

式中：κ ——修正系数，见现行国家标准《橡胶支座　第 3 部分：建筑隔震橡胶支座》GB 20688.3 附录 C。

支座设计压应力 σ_0 考虑受压稳定时，可按式（10.2.5-3）计算：

$$\sigma_0 \leqslant \frac{1}{\rho_c}\sigma_{cr} \qquad (10.2.5\text{-}3)$$

式中：ρ_c ——安全系数，按设计要求确定。

10.2.6 支座拉伸性能应满足式(10.2.6)要求：

$$F_u \leqslant P_{Ty}\frac{1}{\rho_T} \qquad (10.2.6)$$

式中：F_u—— 支座承受的提离拉力。

P_{Ty}—— 支座的屈服拉力(见图 10.2.6)，可按现行国家标准《橡胶支座　第 1 部分：隔震橡胶支座试验方法》GB/T 20688.1 中的方法确定。其拉力-拉伸位移的关系曲线所对应的恒定剪切位移为支座最大剪切位移 X_{max}。

ρ_T—— 安全系数，按设计要求确定。

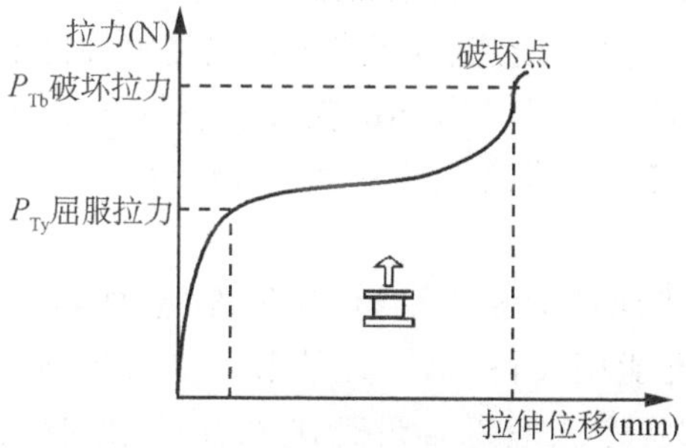

图 10.2.6　支座的拉伸性能关系曲线

10.2.7 支座内部钢板的设计可按式(10.2.7)计算:

$$\sigma_s = 2\lambda \frac{Pt_r}{A_e t_s} \leqslant f_t \tag{10.2.7}$$

式中:σ_s ——内部钢板拉应力(MPa);

f_t ——钢材的抗拉强度设计值(N/mm^2);

A_e ——支座的顶面和底面之间的有效重叠面积(mm^2);

t_s ——单层内部钢板的厚度(mm);

λ—— 钢板应力修正系数,无开孔时,$\lambda = 1.0$;开孔($A_P/A = 0.03 \sim 0.1$)时,$\lambda = 1.5$。

10.3 弹性滑板支座

10.3.1 弹性滑板支座一般由上连接板、上封板、下封板、下连接板、滑移面板、滑移材料等部件组成。按照橡胶支座的形状,可将滑板支座分为圆形和方形两类。

10.3.2 按照动摩擦系数 μ 大小,滑板支座可分为以下三类:

1 低摩擦滑板支座:$\mu < 0.03$。

2 中摩擦滑板支座:$0.03 \leqslant \mu \leqslant 0.06$。

3 高摩擦滑板支座:$\mu > 0.06$。

10.3.3 橡胶材料的物理特性有:拉伸性能、老化性能、硬度、粘合性能、压缩性能、剪切性能、脆性性能、抗臭氧性能和低温结晶性能等。上述性能的具体要求和试验方法应符合现行国家标准《橡胶支座　第 5 部分:建筑隔震弹性滑板支座》GB/T 20688.5 的规定。

10.3.4 滑移支座的力学性能有:压缩性能、剪切性能、剪切性能相关性、压缩性能相关性、极限性能和耐久性能等。上述性能的具体要求和试验方法应符合现行国家标准《橡胶支座　第 5 部分:建筑隔震弹性滑板支座》GB/T 20688.5 的规定。

10.3.5 滑板支座滑移时，橡胶支座设计水平剪应变不宜大于50%。

10.3.6 在重力荷载代表值作用下，滑板支座设计压应力应不超过25 MPa。罕遇地震荷载作用下瞬时面压力不超过50 MPa。

10.3.7 滑板支座的橡胶支座的最小直径（或边长）尺寸不宜小于300 mm，第1形状系数不宜小于30，第2形状系数应不小于7。

10.3.8 滑板支座的外观要求、允许偏差和检验规则等应符合现行国家标准《橡胶支座 第5部分：建筑隔震弹性滑板支座》GB/T 20688.5的规定。

10.4 摩擦摆支座

10.4.1 摩擦摆支座按使用性能可分类如下：

1 双向活动摩擦摆式减隔震支座：具有竖向承载、竖向转动、双向滑动和减隔震性能。

2 单向活动摩擦摆式减隔震支座：具有竖向承载、竖向转动、单一方向滑移和减隔震性能。

3 固定摩擦摆式减隔震支座：具有竖向承载、竖向转动和减隔震性能。

10.4.2 双向活动摩擦摆式减隔震支座和固定摩擦摆式减隔震支座均由上支座板（含不锈钢板）、平面滑板、球冠衬板、防尘圈、球面滑板、减震球摆、隔震挡块、剪力销、减震滑板、减震底座等组成。

10.4.3 单向活动摩擦摆式减隔震支座由上座板（含不锈钢板）、SF-1板、平面滑板、球冠衬板、防尘圈、球面滑板、减震球摆、隔震挡块、剪力销、减震滑板、减震底座等组成。

10.4.4 支座的规格分级、转角设计、位移设计、减隔震位移量分级和隔震周期等宜满足现行行业标准《公路桥梁摩擦摆式减隔震支座》JT/T 852的规定。

10.4.5 支座适用的温度范围、支座减震球摆上部的设计转动力矩宜符合现行国家标准《球型支座技术条件》GB/T 17955 的规定。

10.4.6 支座的等效刚度、阻尼比等支座减隔震性能技术参数的计算方法参见现行行业标准《公路桥梁摩擦摆式减隔震支座》JT/T 852 附录 A 的规定。

10.4.7 支座用硅脂、钢件、铸钢件、球冠衬板的凸球面、减震底座的凹球面处理及滑板用黏结剂应符合现行国家标准《球型支座技术条件》GB/T 17955 的规定。

10.4.8 支座用不锈钢板、滑板、SF-1 板、剪力销、沉头铜螺钉等材料的物理机械性能应符合现行行业标准《公路桥梁摩擦摆式减隔震支座》JT/T 852 的规定。

10.4.9 支座的试验方法及检验规则等应符合现行行业标准《公路桥梁摩擦摆式减隔震支座》JT/T 852 的规定。

10.4.10 摩擦摆支座中曲面滑块在没有侧向位移的前提下，应能够承受 $2N_{Sd}$ 的竖向荷载。其中，N_{Sd} 为恒载加上非地震活载。

10.4.11 支座的水平位移应能够达到 $\gamma_b d_{Ed}$。其中，γ_b 为曲面滑块的分项系数且取为 1.0，d_{Ed} 为支座设计的最大水平位移量。

10.4.12 第二曲面应能够调整由于水平位移 $\gamma_b d_{Ed}$ 产生的曲面旋转运动。转动的增量应为±0.005 rad 或者更大的±10 mm/$R2$ rad。其中，$R2$ 为第二曲面的曲率。

10.4.13 在正常使用情况下，曲面滑块产生的摩擦力应小于或者等于设计者提出的要求值。应对滑块的材料进行长时间摩擦性能的测试，支座的总滑移行程应由厂家提供，对于建筑结构而言，时间不应少于 1 000 min，并记录每个温度下的最大摩擦系数，以及从长时间测试中确定的接触压力，用于确定最大摩擦阻力的设计值。

10.4.14 曲面滑块通过动摩擦消耗能量，因此，动摩擦系数是决定隔震系统在地震下响应的重要系数，宜通过试验测得。

10.5 橡胶隔震支座力学性能检验与参数确定

10.5.1 确定支座性能的标准温度为 23 ℃，应考虑支座的实际使用环境确定其工作温度的范围。

10.5.2 支座的设计压应力和设计剪应变应按式(10.5.2-1)～式(10.5.2-5)计算：

$$\sigma_0 = \frac{P_0}{A} \tag{10.5.2-1}$$

$$\sigma_{max} = \frac{P_{max}}{A_e} \tag{10.5.2-2}$$

$$\sigma_{min} = \frac{P_{min}}{A} \tag{10.5.2-3}$$

$$\gamma_0 = \frac{X_0}{T_r} \tag{10.5.2-4}$$

$$\gamma_{max} = \frac{X_{max}}{T_r} \tag{10.5.2-5}$$

式中：σ_0—— 设计压应力；

σ_{max}—— 最大设计压应力；

σ_{min}—— 最小设计压应力；

P_0—— 设计压力；

P_{max}—— 最大设计压力；

P_{min}—— 最小设计压力；

A—— 有效面积，支座内部橡胶的平面面积；

A_e—— 支座顶面和底面之间的有效重叠面积；

γ_0—— 设计剪应变；

γ_{max}—— 最大剪应变；

X_0—— 设计剪切位移；

X_{max}—— 最大设计剪切位移；

T_r—— 内部橡胶总厚度（$T_r = n \times t_r$）。

10.5.3 隔震支座的力学性能包括：压缩性能、剪切性能、拉伸性能、剪切性能相关性、压缩性能相关性、极限剪切性能等。具体试验项目见现行国家标准《橡胶支座　第3部分：建筑隔震橡胶支座》GB 20688.3，具体试验方法见现行国家标准《橡胶支座　第1部分：隔震橡胶支座试验方法》GB/T 20688.1。

10.5.4 橡胶材料的物理性能包括：拉伸性能、老化性能、硬度、黏合性能、压缩性能、剪切性能、脆性性能、抗臭氧性能、低温结晶性能等。具体试验项目见现行国家标准《橡胶支座　第3部分：建筑隔震橡胶支座》GB 20688.3，具体试验方法见现行国家标准《橡胶支座　第1部分：隔震橡胶支座试验方法》GB/T 20688.1。

11 隔震结构设计

11.1 一般规定

11.1.1 隔震结构两个方向的基本周期相差不宜超过较小值的30%。

11.1.2 隔震结构的地基基础设计和抗震措施，应符合本地区设防烈度的要求。当在设防烈度下非隔震结构符合现行上海市工程建设规范《建筑抗震设计规程》DGJ 08—9规定的地基和基础不进行抗震验算的范围时，隔震结构的地基和基础也可不进行验算。

11.1.3 体型基本规则的隔震结构可不设抗震缝。体型复杂的结构布设抗震缝时，应选用符合实际的结构计算模型进行较精确的计算分析，并根据其局部应力、变形集中及扭转影响，采取措施提高抗震能力。

11.1.4 隔震结构仅在上部结构首层以上设置伸缩缝时，缝的宽度应满足现行国家标准《建筑抗震设计规范》GB 50011对不同结构抗震缝宽度的要求。

11.1.5 隔震结构上部结构与其他建筑相邻时应设置隔离缝，缝宽不宜小于罕遇地震下隔震层水平位移值的1.5倍且不小于300 mm。对于两相邻隔震结构，其缝宽取最大水平位移之和，且不小于600 mm。

11.2 隔震层布置

11.2.1 隔震层的布置、竖向承载力、侧向刚度和阻尼应符合下列规定：

1　隔震层宜设置在结构的底部或下部，其橡胶隔震支座应设置在受力较大的位置，间距不宜过大，其规格、数量和分布应根据竖向承载力、侧向刚度和阻尼的要求通过计算确定。隔震层在罕遇地震下应保持稳定，不宜出现不可恢复的变形；其橡胶支座在罕遇地震的水平和竖向地震作用下，拉应力不应大于 1.0 MPa，上海地区Ⅲ、Ⅳ类土不宜超过 0.5 MPa。

2　隔震层的水平等效刚度和等效黏滞阻尼比可分别按式(11.2.1-1)和式(11.2.1-2)计算：

$$K_{h}=\sum K_{j} \tag{11.2.1-1}$$

$$\zeta_{eq}=\sum K_{j}\zeta_{j}/K_{h} \tag{11.2.1-2}$$

式中：ζ_{eq}—— 隔震层等效黏滞阻尼比；

K_{h}—— 隔震层水平等效刚度；

ζ_{j}—— j 隔震支座由试验确定的等效黏滞阻尼比，设置阻尼装置时，应包括相应阻尼比；

K_{j}—— j 隔震支座（含消能器）由试验确定的水平等效刚度。

11.2.2　隔震层的布置应符合下列要求：

1　隔震层可由隔震支座、阻尼装置和抗风装置组成。阻尼装置和抗风装置可与隔震支座合为一体或者单独设置。必要时，可设置限位装置。

2　隔震层刚度中心宜与上部结构的质量中心重合。

3　隔震支座的平面布置宜与上部结构和下部结构中竖向受力构件的平面位置相对应。隔震支座底面宜布置在相同标高位置上，必要时也可布置在不同的标高位置上。

4　同一结构选用多种规格的隔震支座时，应注意充分发挥每个隔震支座的承载力和水平变形能力。

5　同一支承处选用多个隔震支座时，隔震支座之间的净距应大于安装和更换时所需的空间尺寸。

6　设置在隔震层的抗风装置宜对称、分散地布置在建筑物的周边。

11.2.3　隔震层的受压承载力验算应符合下列要求：

1　隔震层总受压承载力设计值应大于上部结构总重力代表值的 1.1 倍。

2　每个隔震支座的受压承载力设计值应大于上部结构传递到隔震支座的重力代表值。

3　当上部结构必须按第 11.2.8 条进行抗倾覆验算时，隔震支座的承载力应符合第 11.2.8 条中第 4 款的规定。

4　当上部结构必须按第 11.4.1 条第 3 款考虑竖向地震作用时，上部结构传递到隔震支座的重力代表值，8 度时可取上部结构重力代表值的 20%。

5　隔震支座的受压承载力设计值应符合下列规定：

1）当形状系数 $S_1 \geqslant 15$、$S_2 \geqslant 5$ 时，对于甲类建筑，压应力设计值不宜大于 10 MPa；对于乙类建筑，压应力设计值不宜大于 12 MPa；对于丙类建筑，压应力设计值不宜大于 15 MPa，但对于隔震支座直径小于 300 mm 的丙类建筑，压应力设计值不宜大于 10 MPa。

2）当形状系数不满足上述要求时，压应力设计值应适当降低。当 $5 > S_2 \geqslant 4$ 时，降低 20%；当 $4 > S_2 \geqslant 3$ 时，降低 40%。

11.2.4　隔震支座的水平剪力应根据隔震层在罕遇地震下的水平剪力按各隔震支座的水平等效刚度分配；当按扭转耦联计算时，尚应计及隔震层的扭转刚度。

隔震支座对应于罕遇地震水平剪力的水平位移，应符合式(11.2.4-1)的要求：

$$u_i \leqslant [u_i] \tag{11.2.4-1}$$

$$u_i = \eta_i u_c \tag{11.2.4-2}$$

式中： u_i—— 罕遇地震作用下，第 i 个隔震支座考虑扭转水平位移。

$[u_i]$—— 第 i 个隔震支座的水平位移限值；对橡胶隔震支座，不应超过该支座有效直径的 0.55 倍和支座内部橡胶总厚度 3.0 倍二者的较小值。

u_c—— 罕遇地震作用下隔震层质心处或不考虑扭转的水平位移。

η_i—— 第 i 个隔震支座的扭转影响系数，应取考虑扭转和不考虑扭转时 i 支座计算位移的比值；当隔震层以上结构的质心与隔震层刚度中心在两个主轴方向均无偏心时，边支座的扭转影响系数不应小于 1.15。

11.2.5 抗风装置应按式(11.2.5)进行验算：

$$\gamma_w V_{wk} \leqslant V_{Rw} \tag{11.2.5}$$

式中：V_{Rw}—— 抗风装置的水平承载力设计值。当抗风装置是隔震支座的组成部分时，取隔震支座的水平屈服荷载设计值；当抗风装置单独设置时，取抗风装置的水平承载力，可按材料屈服强度设计值确定。

γ_w—— 风荷载分项系数，采用 1.4。

V_{wk}—— 风荷载作用下隔震层的水平剪力标准值。

11.2.6 隔震层中各隔震支座在罕遇地震作用下的最大水平位移应同时满足下列要求：

$$u_{max} \leqslant 0.55d \tag{11.2.6-1}$$

$$u_{max} \leqslant 3T_r \tag{11.2.6-2}$$

式中：u_{max}—— 在罕遇地震作用下考虑扭转影响时，隔震支座最大水平位移；

d—— 隔震支座直径；

T_r—— 隔震支座橡胶层总厚度。

11.2.7 隔震支座的弹性恢复力应符合式(11.2.7)要求：

$$K_{100} T_r \geqslant 1.40 V_{Rw} \tag{11.2.7}$$

式中：K_{100} ——隔震支座在水平剪切应变100％时的水平有效刚度。

11.2.8 隔震结构抗倾覆验算应符合下列要求：

1 隔震结构的高宽比超过本标准第9.1.3条相应规定时，应进行抗倾覆验算。

2 隔震结构抗倾覆验算包括结构整体抗倾覆验算和隔震支座承载力验算。

3 进行结构整体抗倾覆验算时，应按罕遇地震作用下计算倾覆力矩，并将上部结构重力代表值计算抗倾覆力矩。抗倾覆安全系数应大于1.2。

4 上部结构传递到隔震支座的重力代表值应考虑倾覆力矩所引起的增加值。

11.3 隔震结构减震效果评价

11.3.1 上部结构的抗震变形验算应按下列要求进行：

1 对框架、抗震墙和框架-抗震墙结构应进行多遇地震和罕遇地震作用下的层间位移验算；砌体结构可不进行层间位移验算。

2 在多遇地震作用下，层间弹性位移角限值可按现行上海市工程建设规范《建筑抗震设计规程》DGJ 08—9的规定执行。

11.3.2 当建筑内放置有特殊要求的仪器设备而需限制楼层绝对加速度反应时，楼层加速度不应大于在罕遇地震作用下楼层的容许加速度。

11.4　隔震层上部结构

11.4.1　上部结构的截面抗震验算应符合下列规定：

1　上部结构的截面抗震验算，应按现行上海市工程建设规范《建筑抗震设计规程》DGJ 08—9 对非隔震结构的规定进行。其中的水平地震作用效应可依据水平向减震系数确定。

2　上部结构为框架、框架-抗震墙和抗震墙结构时，隔震层的纵、横梁和楼板体系应作为上部结构的一部分进行计算。上部结构为砌体结构时，隔震层顶部各纵、横梁可按受均布荷载的单跨简支或多跨连续托墙梁计算；当连续梁计算的正弯矩小于按单跨简支梁计算的跨中弯矩的 0.8 倍时，应按 0.8 倍单跨简支梁跨中弯矩取值。当计算出现负弯矩时，应进行双向配筋。对托墙梁顶砌体应进行局部承压验算，并在构造上采取适当加强措施。

3　计算托墙梁的地震组合弯矩时，由竖向荷载产生的弯矩可按下列方法确定：

1） 当上部砖墙不超过 4 层时，墙体自重及其承担的重力全部计入。

2） 当上部砖墙超过 4 层且在跨中 1/2 区段的墙体仅有一个洞口时，墙体自重及其承担的重力可仅取 4 层计入。

3） 8 度且水平减震系数不大于 0.25 时，上部结构应考虑竖向地震作用进行抗震验算；8 度且水平减震系数大于 0.25 且小于 0.5 时，宜考虑竖向地震作用进行抗震验算。

4　考虑竖向地震作用时，结构总竖向地震作用标准值，8 度时可取上部结构总重力代表值的 20%。

5　对砌体结构，在墙体截面抗震验算时，其砌体抗震抗剪强度的正应力影响系数可按减去竖向地震作用效应后的平均压应力取值。

11.4.2　隔震层以上结构的地震作用计算，应符合下列规定：

1 对多层结构，水平地震作用沿高度可按重力荷载代表值分布。

2 隔震后水平地震作用计算的水平地震影响系数可按本标准第 3.1.6 条确定。其中，水平地震影响系数最大值可按式(11.4.2)确定：

$$\alpha_{\max 1} = \beta \alpha_{\max} / \psi \tag{11.4.2}$$

式中：$\alpha_{\max 1}$—— 隔震后的水平地震影响系数最大值。

$\alpha_{\max}$—— 非隔震的水平地震影响系数最大值，按现行上海市工程建设规范《建筑抗震设计规程》DGJ 08—9 采用。

β—— 水平向减震系数。对于多层建筑，为按弹性计算所得的隔震与非隔震各层层间剪力的最大比值；对高层建筑结构，尚应计算隔震与非隔震各层倾覆力矩的最大比值，并与层间剪力的最大比值相比较，取二者的较大值。

ψ—— 调整系数。一般橡胶支座，取 0.80；支座剪切性能偏差为 S-A 类，取 0.85；隔震装置带有阻尼器时，相应减少 0.05。

注：1 弹性计算时，简化计算和反应谱分析时宜按隔震支座水平剪切应变为 100%时的性能参数进行计算；当采用时程分析法时，按设计基本地震加速度输入进行计算。

2 支座剪切性能偏差按现行国家标准《橡胶支座　第 3 部分：建筑隔震橡胶支座》GB 20688.3 确定。

3 隔震层以上结构的总水平地震作用不得低于非隔震结构在 6 度设防时的总水平地震作用，并应进行抗震验算；各楼层的水平地震剪力尚应符合现行上海市工程建设规范《建筑抗震设计规程》DGJ 08—9 对本地区设防烈度的最小地震剪力系数的规定。

4 8 度且水平向减震系数不大于 0.3 时，隔震层以上的结构应进行竖向地震作用的计算。隔震层以上结构竖向地震作用标准值计算时，各楼层可视为质点，并按现行国家标准《建筑抗震设计规范》GB 50011 计算竖向地震作用标准值沿高度的分布。

11.5 隔震层下部结构

11.5.1 隔震层下部结构和基础应符合下列要求：

1 隔震层支墩、支柱及相连构件，应采用隔震结构罕遇地震下隔震支座底部的竖向力、水平力和力矩进行承载力验算。

2 隔震层下部结构（包括地下室和隔震塔楼下的底盘）中的直接支承隔震层上部结构的相关构件，应满足嵌固的刚度比和隔震后设防地震的抗震承载力要求，并按罕遇地震进行抗剪承载力验算。隔震层以下、嵌固端以上的结构在罕遇地震下的层间位移角限值应满足本标准表 3.5.4 的要求。

3 隔震建筑地基基础的抗震验算和地基处理仍应按现行上海市工程建设规范《建筑抗震设计规程》DGJ 08—9 中规定的本地区抗震设防烈度进行，甲、乙类建筑的抗液化措施应按提高一个液化等级确定，直至全部消除液化沉陷。

11.5.2 当下部结构或地基基础需要考虑竖向地震作用时，可按现行上海市工程建设规范《建筑抗震设计规程》DGJ 08—9 规定的设防烈度进行验算。

12 隔震支座连接与构造

12.1 一般规定

12.1.1 隔震层的顶部应设置梁板式楼盖，且符合下列要求：

1 应采用现浇或装配整体式混凝土板，现浇板的厚度不宜小于 160 mm；整体装配式混凝土板，总厚度不小于 160 mm，配筋现浇面层不应小于 70 mm；隔震支座上方的纵、横梁应采用现浇钢筋混凝土结构。

2 隔震层顶部梁板的刚度和承载力，宜大于一般楼面梁板的刚度和承载力。

3 隔震支座附近的梁、柱应计算冲切和局部承压，加密箍筋并根据需要配置网状钢筋。

12.1.2 隔震支座和阻尼装置应安装在便于维护人员接近的部位。

12.1.3 外露的预埋件应有可靠的防锈措施，预埋件的锚固钢筋应与钢板牢固连接，锚固钢筋的锚固长度宜大于 20 倍锚固钢筋直径，且不应小于 250 mm。

12.2 预埋件计算

12.2.1 隔震支座与上部结构、下部结构之间的连接件，应能传递罕遇地震下支座的最大剪力和弯矩。

12.2.2 隔震层连接部件（如隔震支座或抗风装置的上、下连接件，连接用预埋件等）应按罕遇地震作用进行强度验算。

12.3 隔震部件与结构连接的构造要求

12.3.1 隔震层的构造应符合下列要求：

1 隔震支座与上部结构、下部结构应有可靠的连接。

2 与隔震支座连接的梁、柱、墩等应考虑水平受剪和竖向局部承压，并采取可靠的构造措施，如加密箍筋或配置网状钢筋。

3 利用构件钢筋作避雷线时，应采用柔性导线连通上部与下部结构的钢筋。

4 穿过隔震层的竖向管线应符合下列要求：

1）直径较小的柔性管线在隔震层处预留伸展长度，其值不应小于隔震层在罕遇地震作用下最大水平位移的1.2倍；

2）直径较大的管道在隔震层处宜采用柔性材料或柔性接头；

3）重要管道、可能泄漏有害介质或燃介质的管道，在隔震层处应采用柔性接头。

5 隔震层设置在有耐火要求的使用空间中时，隔震支座和其他部件应根据使用空间的耐火等级采取相应的防火措施。

6 对水平隔震缝封闭处理，宜采用柔性材料或者低强度脆性材料填充；对竖向隔震缝的封闭处理，宜采用柔性材料覆盖，且均不应阻碍隔震缝发生自由水平位移。

7 隔震层宜留有便于观测和更换隔震支座的空间。

8 上部结构及隔震层部件应与周围固定物脱开。与水平方向固定物的脱开距离应满足本标准第 11.1.5 条的要求；与竖直方向固定物的脱开距离宜取所采用的隔震支座中橡胶层总厚度最大者的 1/25 加上 10 mm，且不小于 15 mm。

9 上部结构与下部结构之间的水平隔离缝的高度应满足设防要求。当设计无要求时，缝高不应小于 20 mm。

12.3.2 上部结构的构造措施应符合下列要求：

1 当上部结构设防烈度为 6 度及水平向减震系数不大于 0.4 时，丙类建筑应按设防烈度采取构造措施。当需要考虑竖向地震作用时，应按设防烈度采取构造措施。

2 上部结构的首层楼面宜采用现浇钢筋混凝土楼板，楼板厚度不宜小于 140 mm。当采用装配整体式钢筋混凝土楼板时，现浇面层厚度不宜小于 50 mm，且应双向配筋，钢筋直径不宜小于 6 mm，间距不宜大于 250 mm。隔震支座上部的纵横梁应采用现浇钢筋混凝土结构。首层楼面梁板体系的刚度和承载力宜大于一般楼面的刚度和承载力。

3 隔震层上部的钢筋混凝土结构的抗震等级应符合表 12.3.2-1 的要求。

表 12.3.2-1 隔震层上部钢筋混凝土结构的抗震等级

结构类型		7 度		8 度	
框架	高度(m)	≤20	>20	≤20	>20
	一般框架	四	三	三	二
抗震墙	高度(m)	≤25	>25	≤25	>25
	一般抗震墙	四	三	三	二

4 隔震层上部为砌体结构时，首层楼盖的纵横向梁的构造均应符合现行上海市工程建设规范《建筑抗震设计规程》DGJ 08—9关于底部框架砖房的钢筋混凝土托墙梁的构造要求。

5 隔震后砌体结构的构造措施尚应符合下列要求：

1） 承重墙尽端至门窗洞边的最小距离，圈梁的截面和配筋构造，应符合现行上海市工程建设规范《建筑抗震设计规程》DGJ 08—9 的有关规定。

2） 当水平向减震系数大于 0.40 时，多层砖砌体房屋的钢筋混凝土构造柱和混凝土小砌块房屋的芯柱的设置，应符合现行上海市工程建设规范《建筑抗震设计规程》DGJ 08—9 的有关规定；当水平向减震系数不大于 0.40 时，应分别符合表 12.3.2-2 和表 12.3.2-3 的规定。

表 12.3.2-2　隔震后砖房构造柱设置要求

<table>
<tr><th colspan="2">建筑层数</th><th colspan="2" rowspan="2">设置部位</th></tr>
<tr><th>7 度</th><th>8 度</th></tr>
<tr><td>三、四</td><td>二、三</td><td rowspan="4">楼、电梯间四角，楼梯斜段上下端对应的墙体处；外墙四角和对应转角；错层部位横墙与外纵墙交接处，较大洞口两侧，大房间内外墙交接处</td><td>每隔 12 m 或单元横墙与外墙交接处</td></tr>
<tr><td>五</td><td>四</td><td>每隔三开间的横墙与外墙交接处</td></tr>
<tr><td>六</td><td>五</td><td>隔开间横墙(轴线)与外墙交接处，山墙与内纵墙交接处</td></tr>
<tr><td>七</td><td>六、七</td><td>内墙(轴线)与外墙交接处，内墙局部较小墙垛处；内纵墙与横墙(轴线)交接处</td></tr>
</table>

表 12.3.2-3　隔震后混凝土小型空心砌块房屋芯柱设置要求

<table>
<tr><th colspan="2">建筑层数</th><th colspan="2" rowspan="2">设置部位</th></tr>
<tr><th>7 度</th><th>8 度</th></tr>
<tr><td>三、四</td><td>二、三</td><td>外墙转角，楼梯间四角，楼梯斜段上下端对应的墙体处；大房间内外墙交接处；每隔 12 m 或单元横墙与外墙交接处</td><td rowspan="2">外墙转角，灌实 3 个孔；内外墙交接处，灌实 4 个孔</td></tr>
<tr><td>五</td><td>四</td><td>外墙转角，楼梯间四角，楼梯斜段上下端对应的墙体处；大房间内外墙交接处；山墙与内纵墙交接处，隔三开间横墙(轴线)与外纵墙交接处</td></tr>
<tr><td>六</td><td>五</td><td>外墙转角，楼梯间四角，楼梯斜段上下端对应的墙体处；大房间内外墙交接处；隔开间横墙(轴线)与外纵墙交接处，山墙与内纵墙交接处；8 度时，外纵墙与横墙(轴线)交接处，大洞两侧</td><td>外墙转角，灌实 5 个孔；内外墙交接处，灌实 5 个孔；洞口两侧各灌实 1 个孔</td></tr>
</table>

续表 12.3.2-3

建筑层数		设置部位	
7 度	8 度		
七	六、七	外墙转角，楼梯间四角，楼梯斜段上下端对应的墙体处；各内墙（轴线）与外纵墙交接处；内纵墙与横墙（轴线）交接处；洞口两侧	外墙转角，灌实 7 个孔；内外墙交接处，灌实 4 个孔；内墙交接处，灌实 4～5 个孔；洞口两侧各灌实 1 个孔

注：8 度时甲乙类建筑层数不宜多于六层。

13 隔震部件安装施工、验收和维护

13.1 一般规定

13.1.1 建筑隔震工程施工现场管理，应有健全的质量管理体系与检验制度。

13.1.2 建筑隔震工程施工前应进行隔震专项施工技术交底，并应编制隔震专项施工组织设计或施工技术方案。

13.1.3 建筑隔震工程可作为建筑工程主体结构分部工程的子分部工程，并应符合下列规定：

1 分项工程可按支座安装、阻尼器安装、柔性连接安装、隔震缝进行划分。

2 检验批可按楼层、结构缝或施工段进行划分。

3 支座和阻尼器等材料进场检验，可按进场批次、生产厂家、规格划分检验批。

13.1.4 支座和阻尼器应进行见证检验，对检验判定为不合格的产品不得使用。

13.1.5 建筑隔震工程施工的每道工序完成后应按隐蔽工程要求检查验收，并应形成记录。对重要工序需经设计人员确认合格后，方可进行下道工序的施工。

13.1.6 检验批质量验收合格应符合下列规定：

1 主控项目的质量经抽样检验应合格。

2 一般项目的质量经抽样检验应合格；当采用计数检验时，对应于合格质量水平的错判概率不宜超过5%，漏判概率不宜超过10%。

3 应具有完整的施工操作依据、质量检查记录及质量证明文件。

13.2 进场验收

13.2.1 隔震支座和阻尼器产品进场应提供下列质量证明文件：

1 原材料检测报告。

2 连接件检测报告。

3 产品合格证。

4 出厂检验报告。

5 型式检验报告。

6 其他必要证明文件。

13.2.2 隔震支座和阻尼器搬运时应有防止雨淋、日晒、磕碰和锐器划伤等措施。

13.2.3 隔震支座和阻尼器应储存在干燥、通风、无腐蚀性气体、无紫外线直接照射并远离热源的场所，码置应整齐牢固，不得混放、散放。严禁与酸碱、油类、有机溶剂或腐蚀性化学品等接触。开封验货后，应进行包装防护。

13.2.4 应对建筑隔震工程的支座、阻尼器及其连接件等进行进场验收，可按现行行业标准《建筑隔震工程施工及验收规范》JGJ 360 中的附录 B 记录。

13.2.5 隔震支座应进行见证检验，具体检验内容及质量要求详见现行行业标准《建筑隔震工程施工及验收规范》JGJ 360。

13.2.6 阻尼器应进行见证检验，并应按现行行业标准《建筑消能阻尼器》JG/T 209 中的相关要求，对最大阻尼力、阻尼系数、阻尼指数、滞回曲线及耐久性能进行检验，检测后合格的阻尼器方可使用。具体检验内容及质量要求详见现行行业标准《建筑隔震工程施工及验收规范》JGJ 360。

13.3 安 装

13.3.1 支座下支墩(柱)施工应符合下列规定:

1 支座下支墩(柱)钢筋安装、绑扎时,应确定支座下预埋套筒或锚筋的位置,不应互相阻挡。

2 支座下连接板预埋就位后,应校核其标高、平面位置、水平度,并应符合本标准和设计要求。

3 支座下支墩(柱)的混凝土宜分两次浇筑,浇筑时应有排气措施。第一次宜浇筑至支座下连接板以下,第二次浇筑前应复核支座下连接板的平面位置、标高和水平度。两次浇筑的混凝土宜采用高流动性且收缩小的混凝土、微膨胀或无收缩高强砂浆,其强度等级宜比原设计强度等级提高一级。混凝土不应有空鼓。

4 浇筑混凝土前,应对螺栓孔采取临时封闭措施,不应灌入混凝土。混凝土浇筑完成后应及时将下连接板表面清洁干净。

5 混凝土初凝前,应校准下连接板的平面位置、高程和水平度,发现问题应立即采取处理措施以满足要求,并应保留相关记录。

13.3.2 支座安装应符合下列规定:

1 下支墩(柱)混凝土强度达到设计强度的75%以上时方可进行支座安装。

2 支座安装前应复核下连接板的平面位置、标高和水平度,并应保留相关记录。

3 支座吊装时,应按厂家提供的吊点安装吊具;吊运过程中,支座宜水平。

4 支座安装过程中应采取措施,不得发生水平变形。

5 支座就位后,应复核其平面位置、顶面高程和顶面水平度。

6 螺栓应对称拧紧。

7 支座安装后，支座与下支墩（柱）顶面的连接板应密贴。

8 当同一支墩（柱）下采用多个支座组合时，必须采用同一厂家产品。

13.3.3 支座相邻上部结构施工应符合下列规定：

1 支座安装验收合格后，方可进行后续工程施工。

2 支座上连接板安装后，将锚定螺栓就位，应校核其位置、高程等，并应保留记录。

3 支座安装后应立即采取保护措施，后续施工过程中不得污染、损伤。

4 支座上部相邻结构的模板和混凝土工程施工时，应对隔震层采取临时固定措施，不应发生水平位移。

5 对单层面积较大或长度超过 100 m 的支座相邻上部混凝土结构、大跨度的钢结构或设计有特殊要求时，应制定专项施工方案，不应产生过大的温度变形和混凝土干缩变形。

6 当支座相邻上部结构为钢结构和钢骨结构时，应对全部支座采取临时固定措施。

7 在支座相邻上部结构施工过程中，应定期观测支座竖向变形，并应保留相应记录。

13.3.4 当支座需进行防火保护时，应按设计文件进行。

13.3.5 阻尼器安装接头的高强度螺栓连接，应符合现行行业标准《钢结构高强度螺栓连接技术规程》JGJ 82 的有关规定。

13.3.6 阻尼器安装接头的焊接连接，应符合现行国家标准《钢结构焊接规范》GB 50661 的有关规定，并符合设计要求。

13.3.7 阻尼器与铰接件之间的销栓或球铰连接时，其间隙应满足设计文件要求。当设计文件无要求时，间隙不应大于 0.3 mm。

13.3.8 阻尼器的安装应在支座安装及上部梁板体系施工验收合格后进行，或在隔震层上部施工验收合格后进行。

13.3.9 建筑隔震工程施工采用的各类计量器具，均应经校准或检验合格，且应在有效期内使用。

13.4 施工质量验收

13.4.1 建筑隔震工程施工质量验收程序应符合下列程序：

1 建筑隔震工程的检验批及分项工程应由专业技术及质量负责人和设计人员进行检验。

2 建筑隔震工程完工后，应提交子分部工程验收报告，并应组织相关单位进行验收。

13.4.2 建筑隔震工程施工质量验收应在自检合格基础上，按检验批、分项工程、子分部工程验收，应符合下列规定：

1 工程施工质量应符合本标准和设计要求。

2 参加工程施工质量验收的各方人员应具备规定的资格。

3 隐蔽工程在隐蔽前，应由相关单位进行隐蔽工程验收，确认合格后，形成隐蔽验收文件。

4 检验批的质量应按主控项目和一般项目进行验收。

5 工程的外观质量应由验收人员通过现场检查共同确认。

13.4.3 建筑隔震工程上部结构验收和竣工验收时，均应对隔震缝和柔性连接进行验收检查。

13.4.4 支座的型号、数量、安装位置应符合设计要求。支座应与下支墩(柱)顶面密贴。支座下支墩(柱)混凝土强度不应低于设计要求。支座的主控项目和一般项目可参见现行行业标准《建筑隔震工程施工及验收规范》JGJ 360。

13.4.5 阻尼器的型号、数量、安装位置应满足设计要求。阻尼器安装连接部位的焊缝质量应满足设计要求，并应进行见证检验。当设计文件无要求时，焊缝等级不应低于二级。检测质量应符合现行国家标准《钢结构工程施工质量验收规范》GB 50205 的有关规定。阻尼器的主控项目和一般项目可参见现行行业标准《建筑隔震工程施工及验收规范》JGJ 360。

13.4.6 柔性连接可能泄漏有害介质或可燃介质管道的柔性接头

或柔性连接段，应确认其具有满足设计要求的水平变形能力。柔性连接的主控项目和一般项目可参见现行行业标准《建筑隔震工程施工及验收规范》JGJ 360。

13.4.7 隔震缝可参见本标准第 9.4.6 条及现行行业标准《建筑隔震工程施工及验收规范》JGJ 360。

13.4.8 支座和阻尼器安装宜由经过专门培训的人员实施，且安装应有监理进行旁站。

13.5 维 护

13.5.1 隔震建筑应设置标识，并应标明其功能特殊性、使用及维护注意事项。

13.5.2 隔震建筑的标识设置范围和内容应符合下列规定：

1 门厅入口处应标明隔震建筑，并应简单阐述隔震原理、房屋使用者注意问题，同时给出主要建筑结构平面图、剖面图、隔震层布置图、隔震缝布置图以及隔震产品描述等。

2 水平隔震缝处应标明此处为上部结构与下部结构完全分开的水平缝。

3 建筑物周围的竖向隔震缝（又称隔震沟）处应标明地震时此处为建筑物的移动空间，并应在其范围内设置标线或警示线。

13.5.3 隔震建筑工程竣工验收前，应提交由支座和阻尼器生产厂家、设计等单位编写的使用维护手册及维护管理计划；隔震建筑的维护检查可分为常规检查、定期检查、应急检查。

13.5.4 隔震建筑工程除对建筑常规维护项目进行检验、检查外，还应对隔震建筑特有的项目进行检验、检查。检查项目可包括支座、阻尼器、隔震缝、柔性连接；检查方法应按本标准第 13.4 节的相关规定执行。

13.5.5 常规检查应每年进行 1 次，可采用观察方式进行检查。

13.5.6 定期检查应为竣工后的 3 年、5 年、10 年，10 年以后每 10

年进行1次。除支座的水平变形和竖向压缩变形应使用仪器测量外,其他项目均可通过观察方式进行检查。

13.5.7 当发生可能对隔震层相关构件及装置造成损伤的地震或火灾等灾害后,应及时进行应急检查。

13.5.8 对于文物保护、重点设防类建筑采用隔震技术进行改造提高其抗震性能的工程,隔震设计前宜对既有建筑进行动力特性测试,实测的固有周期和模态阻尼可作为隔震分析的技术参数供参考;竣工后宜在合适部位设立长期的动态观测点。

附录 A 消能构件减震设计要点

A.0.1 消能构件在 50 年一遇标准风荷载和多遇地震作用下应满足式(A.0.1)要求：

$$S \leqslant R \tag{A.0.1}$$

式中：S——消能构件在考虑 50 年一遇风荷载或多遇地震作用的内力组合设计值；

R——消能构件的承载力设计值(按材料强度设计值确定)。

A.0.2 消能构件应先于与其相邻的构件和结构中其他重要构件发生屈服。

A.0.3 消能构件应在罕遇地震作用下有足够的延性储备，并应通过专业机构的性能检验。

A.0.4 结构采用消能构件减震设计时，消能构件的相关部位应符合下列要求：

1 消能构件与支承构件的连接，应符合本标准和有关规程对相关构件连接的构造要求。

2 在消能构件施加给主体结构最大力作用下，消能构件与主体结构之间的连接部件应在弹性范围内工作。

3 与消能构件相连的结构构件设计时，应计入消能构件传递的附加内力。

A.0.5 建筑结构减震设计可单独采用消能构件，也可同时采用消能构件和消能器。

A.0.6 应按下列要求对结构采用的消能构件的性能进行抽检：

1 由第三方进行抽样检验，抽检数量为同一类型、同一规格数量的 3%；当同一类型、同一规格的承载-消能构件数量较少时，可以在同一类型中抽检总数量的 3%，但不应少于 2 个；检测合格率为 100%，检测后的消能构件不能用于主体结构。

2 在 1/150、1/100、1/75、1/50 的层间位移角相应的消能构件的位移幅值下往复循环各 3 圈后，其承载力衰减量不应超过 10%，且滞回曲线稳定饱满。或者按本标准附录 C 中的要求进行力学性能参数标定。

附录B　黏滞消能器性能检测

B.0.1　黏滞消能器的检测分为出厂检测、第三方现场抽检以及型式检验，宜符合下列规定：

1　出厂检测为厂家自检，每个消能器均需要检测，检测工况应包含极限位移以及阻尼力规律性检测，并出具自检报告；如未达到100％自检，则该批次黏滞消能器不得用于工程。

2　第三方现场抽检为消能器发货至现场，由监理组织相关单位及人员随机进行抽检后封样，再送至具有黏滞消能器CMA专项检测资质的第三方单位进行检测，每个规格的抽检数量为该规格总数的20％，且不少于2个；检测工况包含极限位移、阻尼力规律性检测。其中再抽取2个补充进行疲劳性能试验，试验后的黏滞消能器不得用于工程。

3　型式检验为厂家生产该规格黏滞消能器的能力检验，检测工况包括极限位移、阻尼力规律性、疲劳性能、频率相关性、温度相关性、过载试验。

B.0.2　黏滞消能器的检测工况一般包括：极限位移检测、阻尼力规律性检测、疲劳性能检测、频率相关性检测、温度相关性检测和耐压试验检测，要求如下：

1　极限位移

试验方法：采用静力加载试验，控制试验机的加载系统使黏滞消能器匀速缓慢运动，记录其伸缩运动的极限位移值。

判定标准：每个产品极限位移实测值不应小于设计位移的150％；当设计位移≥100 mm时，极限位移实测值不应小于设计位移的120％。

2 阻尼力规律性

试验方法：采用正弦激励法，按照输入位移 $D=A\sin(2\pi f_1 t)$ 来控制试验机的加载；对黏滞消能器分别施加结构基频 f_1，输入位移幅值 A 为 $0.2D_d$、$0.4D_d$、$0.6D_d$、$0.8D_d$、$1.0D_d$、$1.2D_d$，D_d 为黏滞消能器设计位移，共 6 个工况，每个工况连续进行 5 个循环，每个循环均绘制阻尼力-位移滞回曲线，并计算各工况下第三个循环所对应的最大阻尼力和滞回面积。

判定标准：每个产品每个工况下第三个循环所对应最大阻尼力以及滞回面积与设计值的误差范围为[－15%，＋15%]。

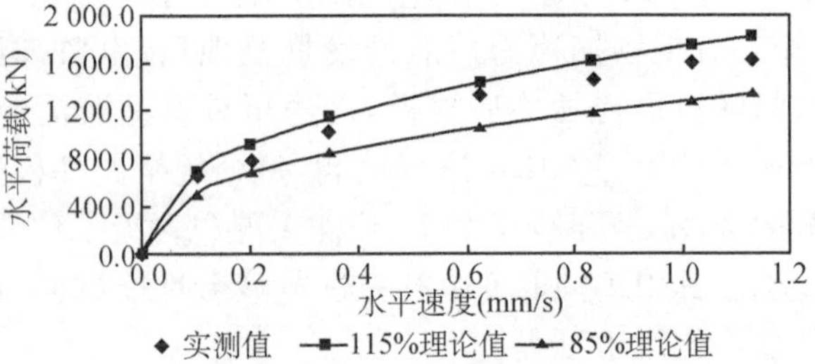

图 B.0.2-1　黏滞阻尼力与加载相对速度关系曲线示意图

3 初始刚度

试验方法：把第 2 款设计位移 D_d 幅值输入工况得到的阻尼力与位移关系数据放入 EXCEL 表，取横坐标为位移(mm)，竖向坐标为阻尼力(kN)绘制滞回曲线。在滞回曲线上选择两点 $A(d_1, F_{max}/3)$、$B(d_2, -F_{max}/3)$，见图 B.0.2-2，则阻尼器初始刚度按式(B.0.2)取值：

$$K_1=\frac{2}{3}F_{max}/(d_1-d_2) \tag{B.0.2}$$

4 疲劳性能

试验方法：对于地震控制为主时，采用正弦激励法，按照输入位移 $D=D_d\sin(2\pi f_1 t)$ 来控制试验机的加载，f_1 一般取结构基

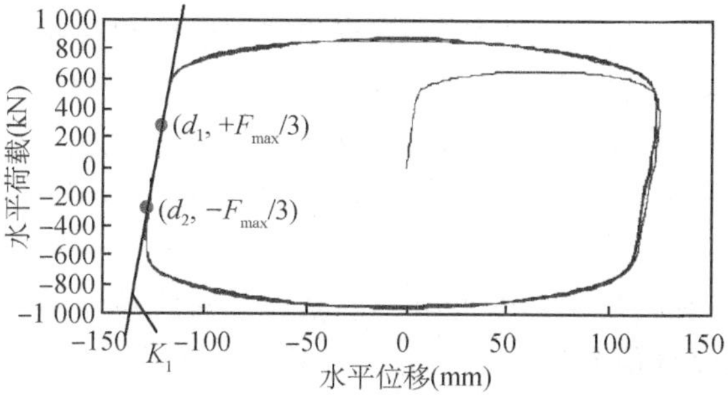

图 B.0.2-2 黏滞消能器初始刚度取值示意图

频，D_d 为黏滞阻尼器抵抗地震作用的设计位移，连续加载 10 个循环，当作动器流量不够连续加载，应立即快速补充流量，连续加载期间暂停补充流量次数不宜超过 2 次。对于风振控制为主时，采用正弦激励法，按照输入位移 $D=1.2D_w\sin(2\pi f_1 t)$ 来控制试验机的加载，f_1 一般取结构基频，连续加载 60 000 个循环，每 20 000 个循环可暂停休整 30 min。D_w 为风振控制下黏滞消能器可能达到的最大位移。

判定标准：任一个循环的最大阻尼力与设计值的误差为[−15%，+15%]，任一循环的滞回曲线面积与设计值的误差为[−15%，+15%]。

5 频率相关性

试验方法：采用正弦激励法，按照输入位移 $D=D_f\sin(2\pi ft)$ 来控制试验机的加载；对黏滞阻尼器施加频率 f 分别为 $1.0f_1$、$1.2f_1$、$1.5f_1$、$2.0f_1$，对应输入位移幅值 $D_f=D_d(f_1/f)$ 连续输入 5 个循环。每次均绘制阻尼力-位移滞回曲线，并计算各工况下第 3 个循环所对应的最大阻尼力和滞回面积。

判定标准：每个频率下第三个循环所对应最大阻尼力以及滞回面积与结构基频 f_1 工况的误差范围为[−15%，+15%]。

6 温度相关性

试验方法：采用正弦激励法，按照输入位移 $D = D_{\rm d}\sin(2\pi f_1 t)$ 来控制试验机的加载；f_1 为结构基频，在－20 ℃、20 ℃、60 ℃不同温度下，连续进行 5 个循环，每次均绘制阻尼力-位移滞回曲线，并计算各温度下第三个循环所对应的最大阻尼力和滞回面积。

判定标准：每个温度下第三个循环所对应最大阻尼力以及滞回面积与设计值的误差范围为[－15%，＋15%]。

7 耐压试验

试验方法：对黏滞消能器储存阻尼介质的密闭腔体施加 1.5 倍设计阻尼力所对应的内部压力，并保持 10 min。

判定标准：黏滞消能器不出现渗漏、屈服、破坏等现象。

注：第三方检测单位没有耐压实验设备时，应允许厂家邀请第三方检测人员到厂家见证该项检测。

附录 C 金属消能器、BRB 与消能构件力学性能检验

C.1 一般要求

C.1.1 一般把金属屈服类部件划分为金属消能器、屈曲约束支撑(BRB)和消能构件，其力学性能检验前应标注其归属类别和级别。

C.1.2 金属消能器、BRB 和消能构件在正式使用前，应进行型式检验或满足专项设计要求的样品试验，并取得检验合格报告。

C.1.3 构造形式和屈服耗能元件材质相同且屈服力在 20%至 200%范围内的金属消能器、BRB 和消能构件划分为同一型式检验类别，不同类别应分别进行型式检验。

C.2 力学性能参数试验数据处理

C.2.1 金属消能器、BRB 和消能构件的试件数量不少于2 件，测试内容包括滞回曲线和骨架曲线控制参数，力学性能参数取值宜采用图解法，由滞回曲线(耗能滞回特性)与骨架曲线(强度随变形强化特征曲线)描述。其中滞回曲线检查是必检项，骨架曲线检查是可选项。所测力学参数应满足本标准第 5.2 节和第 5.3 节相关性能要求。

C.2.2 滞回曲线参数确定规则：

1 弹性刚度、计算屈服点、屈服后刚度确定

1）取出设计位移 D_d 加载下阻尼器承载力与相对位移曲

线的第 3 圈数据；以相对位移为横坐标，屈服承载力为竖坐标，在 EXCEL 表格上绘制滞回曲线图。首先找出第一象限右上角正向卸载开始角点附近屈服力较大点的坐标（D_{h3}^{+}，F_{h3}^{+}），标出正向卸载至承载力为零处附近的横坐标（D_{h4}^{+}，$F_{h4}^{+}\approx 0$）；再找出第三象限左下角反向卸载开始角点附近屈服力较大点坐标（D_{h3}^{-}，F_{h3}^{-}），标出反向卸载至承载力为零处附近的横坐标（D_{h4}^{-}，$F_{h4}^{-}\approx 0$）。

2）分别计算正、反向卸载刚度：

$$K_1^{+}=\frac{F_{h3}^{+}}{D_{h3}^{+}-D_{h4}^{+}} \tag{C.2.2-1}$$

$$K_1^{-}=\frac{F_{h3}^{-}}{D_{h3}^{-}-D_{h4}^{-}} \tag{C.2.2-2}$$

3）取 K_1^{+}、K_1^{-} 中的较小值为测试弹性刚度：

$$K_1=\min(K_1^{+},\ K_1^{-}) \tag{C.2.2-3}$$

4）过原点作斜率为 K_1 的斜线，取该斜线与滞回曲线相交点坐标（D_{h2}^{+}，F_{h2}^{+}）、（D_{h2}^{-}，F_{h2}^{-}），宜取（F_{h2}^{+}、$|F_{h2}^{-}|$）中的较小值为计算屈服力（F_{y2}），相应该力的位移则为计算屈服位移 D_{y2}。再取（D_{h3}^{+}、$|D_{h3}^{-}|$）中的较小值为设计位移 D_d，相应阻尼力记为 F_D，且计算 $\lambda_d=D_d/D_{y2}$。（D_{y2}，F_{y2}）构成加载工况下的滞回曲线上的计算屈服点，（D_d，F_D）构成正向加载工况下的设计屈服点。

5）首先作过（D_{h2}^{+}，F_{h2}^{+}）、（D_{h3}^{+}，F_{h3}^{+}）两点的直线，把其斜率记为 K_{h2}^{+}；再作过（D_{h2}^{-}，F_{h2}^{-}）、（D_{h3}^{-}，F_{h3}^{-}）两点的直线，把其斜率记为 K_{h2}^{-}。按式（C.2.2-4）取滞回曲线的测试屈服后刚度：

$$K_{h2}=\min(K_{h2}^{+},\ K_{h2}^{-}) \tag{C.2.2-4}$$

本例中可取弹性刚度 $K_1=K_1^{-}$，$K_{h2}=K_{h2}^{-}$。

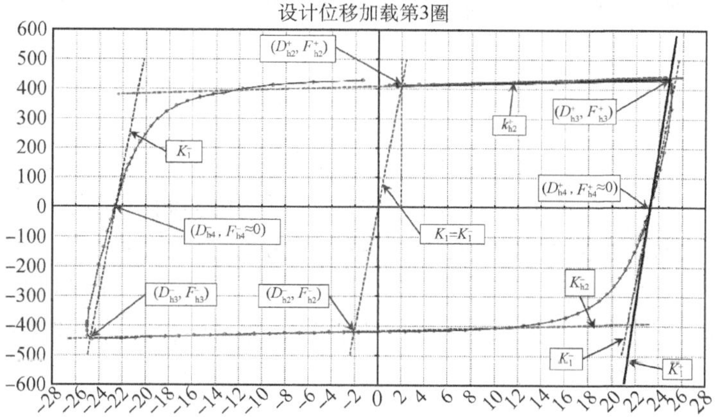

图 C.2.2-1　计算屈服点、初始刚度、滞回曲线屈服后刚度确定

2　初始屈服点确定

取出 0.2D_d 位移加载下阻尼器承载力与相对位移曲线的第 3 圈数据；以相对位移为横坐标，屈服承载力为竖坐标，在 EXCEL 表格上绘制滞回曲线图，见图 C.2.2-2。过原点作斜率为 K_1 的斜线，取该斜线与滞回曲线相交点坐标为(D_{y1}^{+}，F_{y1}^{+})、(D_{y1}^{-}，F_{y1}^{-})。按式(C.2.2-5)取试件测试初始屈服力，相应点位移则为初始屈服位移。

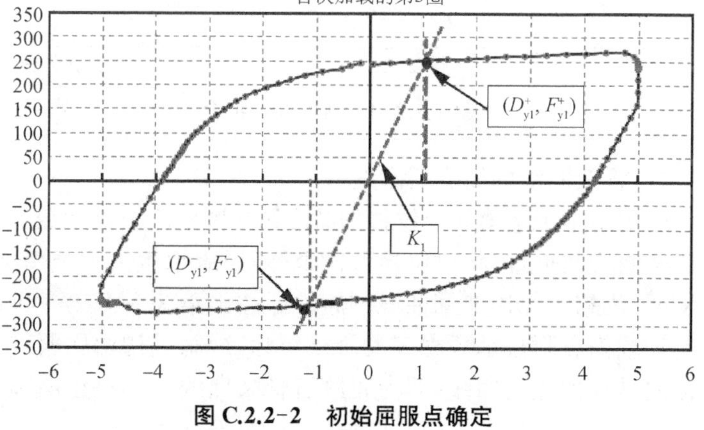

图 C.2.2-2　初始屈服点确定

把前述所得到滞回曲线的全部参数与全部试验的滞回曲线绘制在一起可得到图 C.2.2-3。

$$F_{y1}=\min(F_{y1}^{+},\ |F_{y1}^{-}|) \qquad \text{(C.2.2-5)}$$

当 $F_{y1}=F_{y1}^{+}$ 时，取 $D_{y1}=D_{y1}^{+}$，当 $F_{y1}=|F_{y1}^{-}|$ 时，取 $D_{y1}=|D_{y1}^{-}|$。(D_{y1}，F_{y1})构成正向加载工况下的初始屈服点。

BRB 试验滞回环往往是正向加载试验与反向加载试验滞回环不完全反对称，即抗拉强度往往小于抗压强度，这时可根据设计需要给出抗拉或抗压，或两种情况下的滞回曲线、骨架曲线的控制点参数。

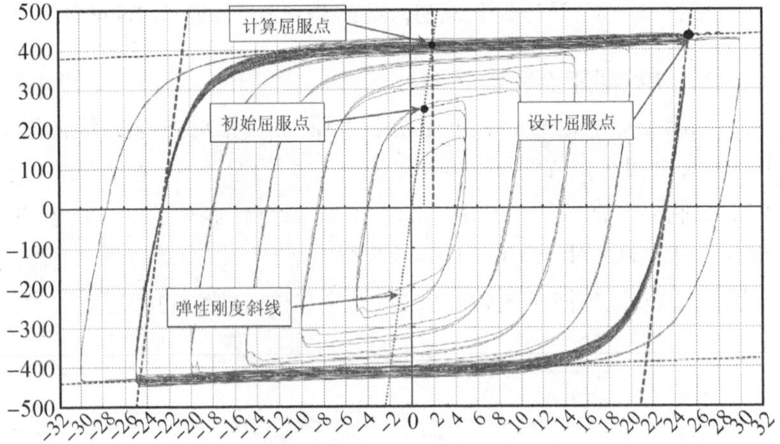

图 C.2.2-3 滞回曲线拟合

3 骨架曲线的屈服后刚度

取出第 1 个至第 5 个位移加载段第 3 圈的阻尼器承载力与相对位移曲线数据；以相对位移为横坐标，屈服承载力为竖坐标，在 EXCEL 表格上绘制滞回曲线图族。标注出第 2 个至第 5 个曲线正向卸载拐点附近承载力最大值点坐标，绘制过初始屈服点和这些最大承载力点的曲线，即为屈服后骨架曲线。其在正向加载的第一象限呈现上凸形状，在反向加载的第三象限呈现下凹形状。一般可用过这些点割线代替曲线，实践中可依照割线与曲线相夹面积最小原则，作 1～2 条折线代替曲线，这些折线的斜率称为骨架曲线的屈服后刚度。为了方便起见，折线段表达的滞回曲线和骨架曲线一般取原点反对称形式。图 C.2.2-4、图 C.2.2-5 是架曲线拟合示意图。

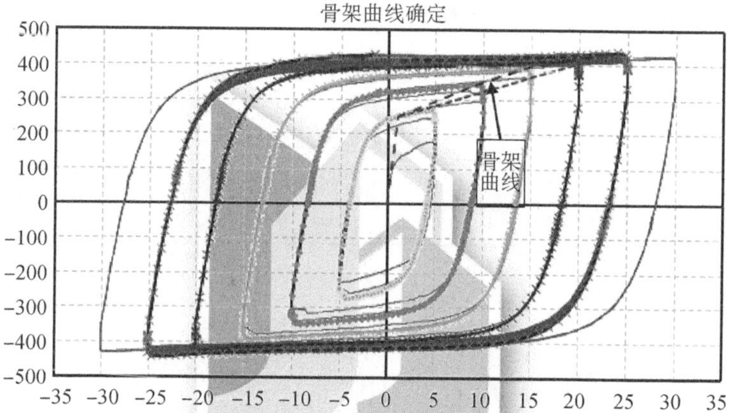

图 C.2.2-4　骨架曲线拟合

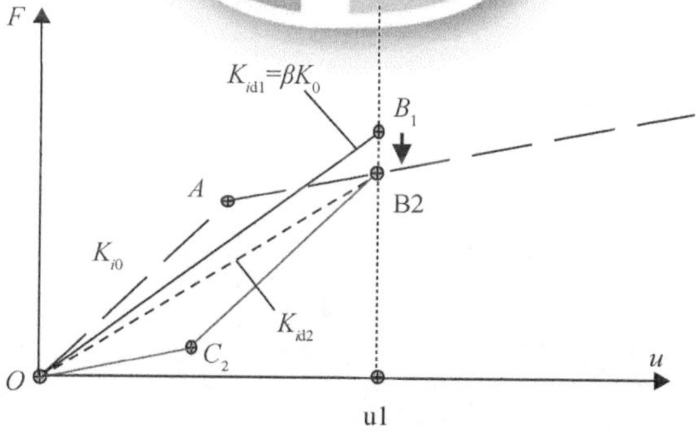

图 C.2.2-5　骨架曲线局部放大(三折线)

4 设计延性系数

可按式(C.2.2-6)确定设计延性系数：

$$\mu_d = D_{h3}^{+}/D_{h2}^{+} \quad (C.2.2-6)$$

C.3 金属屈服型消能器性能等级划分

性能等级	设计延性系数	适用状态
A	$15 \leqslant \mu_d$	小、中、大震下均可耗能
B	$12 \leqslant \mu_d < 15$	小震少量耗能，中、大震下可耗能
C	$9 \leqslant \mu_d < 12$	小震可屈服，中、大震下可耗能
D	$6 \leqslant \mu_d < 9$	中震可屈服，大震下可耗能，消能构件
E	$3 \leqslant \mu_d < 6$	消能构件

附录 D　安装金属消能器结构等效线性化方法迭代步骤

参考图 D.1，把第 i 个消能器与连接件串联成消能部件，一般可以根据结构层间梁柱布置情况，斜向对角布置于梁柱节点，或垂直连接于上下层梁。假定消能部件的滞回曲线为随动双线性模型，则其任意一个滞回环呈平行四边形特征。初始刚度为 K_{i0}，O 点为原点，A 点为全截面屈服点（计算屈服点），B 点为屈服后滞回曲线上任一屈服点，AB 线斜率取为屈服后刚度 K_{i1}，作过原点的直线 OB，其斜率称为消能部件屈服后的等效刚度，记为 K_{id}，下标 d 表达等效含意。取减震结构中任意第 i 个消能部件考察。

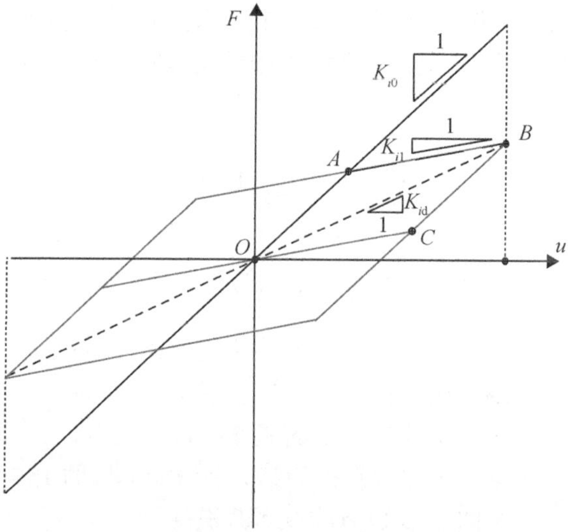

图 D.1　第 i 个金属消能部件随动双线性模型滞回模型

设 A 点坐标为 $A(u_{iy1},F_{iy1})$；B 点坐标 $B(u_{iy2},F_{iy2})$ 为屈服后刚度斜线上的任意一点。则平行四边形 $OABC$ 面积按式(D.1)计算：

$$S_{i1}=u_{iy2}F_{iy1}-u_{iy1}F_{iy2} \tag{D.1}$$

(1) 第一步迭代

参考图 D.2 所示，设第 i 个消能部件的初始等效刚度 K_{id1} 为 βK_{i0}，其中 $\beta\leqslant 1$，代入减震结构模型中，全部的消能部件均作以上类同操作。设定减震结构的模态阻尼比为 ξ_0，初始附加有效阻尼比为 ξ_{d0}，则总阻尼比为 $\xi_0+\xi_{d0}$。进行中震强度激励下的振型反应谱响应计算，得到第 i 个消能部件的相对位移 u_{i1}，这时部件的弹性位移、内力点为 B_1。由于第一次设定的附加有效阻尼比、等效刚度是近似值，故 B_1 点与消能部件的滞回曲线上 B_2 点可能不重合，为此应修正等效刚度 K_{id1} 为 K_{id2}，计算平行四边形 OAB_2C_2O 面积为 S_{i1}。计算减震结构应变能，对于以剪切变形为主的多层结构可按式(D.2)计算，第一次迭代后获得的附加有效阻尼比，即用于第 2 次迭代输入的附加有效阻尼比可按式(D.3)计算：

$$W_{s1}=\frac{1}{2}\sum_{j=1}^{n}Q_{j1}\Delta_{j1} \tag{D.2}$$

$$\xi_{d1}=\frac{\eta}{\pi W_{s1}}\sum_{i=1}^{m}S_{i1} \tag{D.3}$$

式中：Q_{j1}—— 第 1 次迭代得到的第 j 层层间剪力；

Δ_{j1}—— 第 1 次迭代得到的第 j 层层间位移；

W_{s1}—— 第 1 次迭代获得的减震结构应变能；

S_{i1}—— 第 1 次迭代获得的第 i 个消能部件的 1/4 滞回环平行四边形 OAB_2C_2O 面积；

ξ_{d1}—— 第 1 次迭代获得的附加有效阻尼比，可作为第 2 次迭代开始的输入附加有效阻尼比；

n—— 减震结构总层数；

m—— 减震结构中消能部件总数；

η—— 取值范围 0.7～1.0 的折减系数，可根据延性系数 μ 大小来确定，μ 取值 3 左右时 η 宜取最小值 0.7。

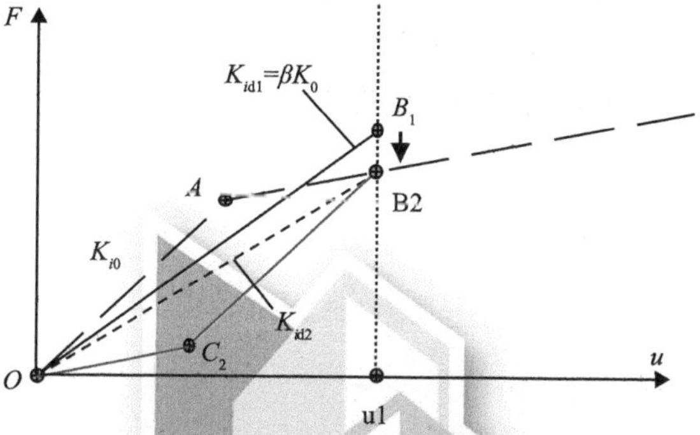

图 D.2　迭代法第一步迭代图示

（2）第二步迭代

参考图 D.3 所示，给第 i 个消能部件赋值 K_{id2}、$\xi_0+\xi_{d1}$，进行中震强度激励下的振型反应谱响应计算，得到第 i 个消能部件的相对位移 u_{i2}，这时部件的弹性位移、内力相应点为 B_3，上一次的 B_2 延伸到 B_2' 点。B_3 可以低于 B_2' 点，也可能高于 B_2'，这由计算确定。作 OB_3 的直线，得到新的等效刚度 K_{id3}，再按式(D.4)、式(D.5)计算减震结构第 2 步迭代获得的应变能和附加有效阻尼比：

$$W_{s2}=\frac{1}{2}\sum_{j=1}^{n}Q_{j2}\Delta_{j2} \tag{D.4}$$

$$\xi_{d2}=\frac{\eta}{\pi W_{s2}}\sum_{i=1}^{m}S_{i2} \tag{D.5}$$

式中：Q_{j2}—— 第 2 次迭代得到的第 j 层层间剪力；

Δ_{j2}—— 第 2 次迭代得到的第 j 层层间位移；

W_{s2}——第 2 次迭代获得的减震结构应变能；

S_{i2}——第 2 次迭代获得的第 i 个消能部件的 1/4 滞回环平行四边形 OAB_3C_3O 面积；

ξ_{d2}——第 2 次迭代获得的附加有效阻尼比，可作为第 3 次迭代开始的输入附加有效阻尼比；

n——减震结构总层数；

m——减震结构中消能部件总数。

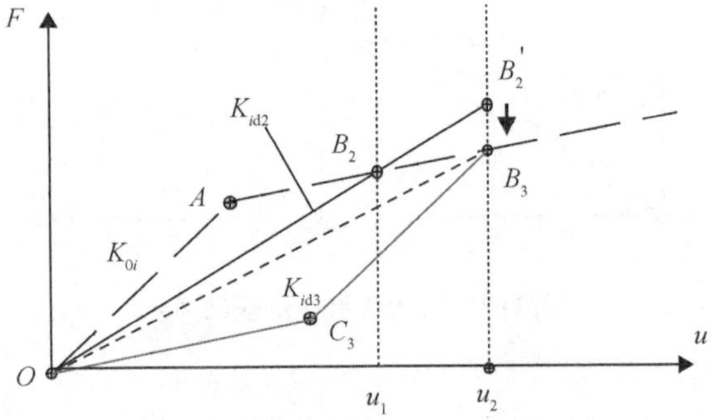

图 D.3　迭代法第二步迭代图示

(3) 第 k 步迭代

参考图 D.4 所示，给第 i 个消能部件赋值 K_{idk}、$\xi_0+\xi_{dk-1}$，进行中震强度激励下的振型反应谱响应计算，得到第 i 个消能部件的相对位移 u_{ik}，这时部件的弹性位移、内力相应点为 B_{k+1}，上一次的 B_k 延伸到 B_k' 点。B_{k+1} 可以低于 B_k' 点也可能高于 B_k'，这由计算确定。作 OB_{k+1} 的直线，得到新的等效刚度 K_{idk+1}，再按式(D.6)、式(D.7)计算减震结构第 $k+1$ 步迭代获得的应变能和附加有效阻尼比。第 $k+1$ 步迭代开始前，应按式(D.8)检查 k 步得到的附加有效阻尼比迭代收敛情况。对第 i 个消能部件用式(D.9)、式(D.10)检查 k 步得到的等效刚度、变形情况的收敛情况：

$$W_{\mathrm{sk}}=\frac{1}{2}\sum_{j=1}^{n}Q_{j\mathrm{k}}\Delta_{j\mathrm{k}} \tag{D.6}$$

$$\xi_{\mathrm{dk}}=\frac{\eta}{\pi W_{\mathrm{sk}}}\sum_{i=1}^{m}S_{i\mathrm{k}} \tag{D.7}$$

式中：$Q_{j\mathrm{k}}$——第 k 次迭代得到的第 j 层层间剪力；

$\Delta_{j\mathrm{k}}$——第 k 次迭代得到的第 j 层层间位移；

W_{sk}——第 k 次迭代获得的减震结构应变能；

$S_{i\mathrm{k}}$——第 k 次迭代获得的第 i 个消能部件的 1/4 滞回环平行四边形 OAB_3C_3O 面积；

ξ_{dk}——第 k 次迭代获得的附加有效阻尼比，可做为第 $k+1$ 次迭代开始的输入附加有效阻尼比。

$$\alpha_1=\frac{\xi_{i\mathrm{dk}+1}-\xi_{i\mathrm{dk}}}{\xi_{i\mathrm{dk}+1}}\times100\% \tag{D.8}$$

$$\alpha_2=\frac{K_{i\mathrm{dk}+1}-K_{i\mathrm{dk}}}{K_{i\mathrm{dk}+1}}\times100\% \tag{D.9}$$

$$\alpha_3=\frac{u_{i\mathrm{k}}-u_{i\mathrm{dk}-1}}{u_{i\mathrm{dk}}}\times100\% \tag{D.10}$$

α_1、α_2、α_3 一般不应超过 $\pm5\%$。若满足则停止迭代。否则重复以上的第 k 步迭代，进行 $k+1$ 步迭代直到满足需要的精度。

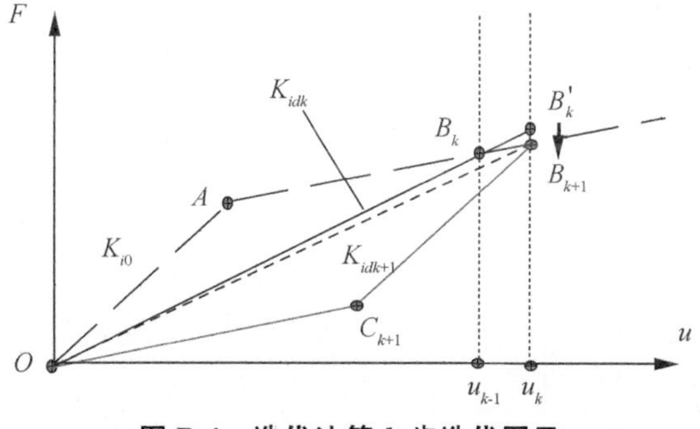

图 D.4　迭代法第 k 步迭代图示

本标准用词说明

1　为了便于在执行本标准条文时区别对待，对要求严格程度不同的用词说明如下：

1）表示很严格，非这样做不可的用词：
正面词采用“必须”；
反面词采用“严禁”。

2）表示严格，在正常情况下均应这样做的用词：
正面词采用“应”；
反面词采用“不应”或“不得”。

3）表示允许稍有选择，在条件许可时首先这样做的用词：
正面词采用“宜”；
反面词采用“不宜”。

4）表示有选择，在一定条件下可以这样做的用词，采用“可”。

2　条文中指明应按其他有关标准、规范执行时，写法为：“应符合……的规定”或“应按……执行”。

引用标准名录

1 《碳素结构钢》GB/T 700
2 《球型支座技术条件》GB/T 17955
3 《橡胶支座　第1部分:隔震橡胶支座试验方法》GB/T 20688.1
4 《橡胶支座　第3部分:建筑隔震橡胶支座》GB 20688.3
5 《橡胶支座　第5部分:建筑隔震弹性滑板支座》GB/T 20688.5
6 《建筑结构荷载规范》GB 50009
7 《混凝土结构设计规范》GB 50010
8 《建筑抗震设计规范》GB 50011
9 《钢结构设计标准》GB 50017
10 《工程测量规范》GB 50026
11 《钢结构工程施工质量验收规范》GB 50205
12 《钢结构焊接规范》GB 50661
13 《混凝土结构工程施工规范》GB 50666
14 《钢结构工程施工规范》GB 50755
15 《高层建筑混凝土结构技术规程》JGJ 3
16 《建筑变形测量规程》JGJ 8
17 《建筑机械使用安全技术规程》JGJ 33
18 《建筑施工高处作业安全技术规程》JGJ 80
19 《钢结构高强度螺栓连接技术规程》JGJ 82
20 《高层民用建筑钢结构技术规程》JGJ 99
21 《混凝土结构后锚固技术规程》JGJ 145
22 《建筑消能减震技术规程》JGJ 297
23 《建筑消能阻尼器》JG/T 209

24 《公路桥梁摩擦摆式减隔震支座》JT/T 852
25 《建筑抗震设计规程》DGJ 08—9
26 《现有建筑抗震鉴定与加固规程》DGJ 08—81
27 《建筑消能减震加固技术规程》T/CECS 547

上海市工程建设规范

建筑消能减震及隔震技术标准

DG/TJ 08—2326—2020
J 15292—2020

条文说明

2020 上海

目　次

Contents

1 总 则

1.0.1 在建筑结构中采用消能减震、隔震技术，以过滤或耗散地震输入结构的部分能量，是减轻地震反应和地震破坏的新技术和新方法，已有的震害处置经验已表明消能减震、隔震技术的有效性。为了保证和提高消能减震、隔震建筑设计、施工水准，规范和推进消能减震、隔震技术的应用，制订本标准。

消能减震结构是指在建筑结构的某些部位(如支撑、剪力墙连梁间节点、联结缝或连接件间、楼层空间、相邻建筑间、主辅结构间等)设置了消能(阻尼)器(或元件)的建筑结构。消能部件由消能器、支撑、连接构件组成；消能减震结构由主体结构、消能子结构及基础等组成。消能子结构是指与消能部件直接连接的主体结构单元，当消能部件含位移型消能器时，尚应包括消能部件安装最低层的下一层梁柱构件，见图 1 中虚框内的构件。一般情况下，图 1 中虚框外与虚线相交梁杆件不作为消能子结构构件。

隔震结构是指在基础或结构层间设置隔震层，该层截断下部竖向构件与上部竖向构件的连接，增设隔震支座支承上部结构重量，降低抵抗水平变形的刚度，从而使得隔震结构水平振动周期延长至无隔震层结构基本周期的 2 倍以上，隔震周期远大于地震反应谱特征周期，位于反应谱长周期的下降段。这样就可以过滤掉地震作用主要的高频成分，通过隔震层阻尼再耗散部分地震的长周期能量，减小隔震层位移。上海地区场地软弱，罕遇地震下隔震层位移往往较大，隔震层设计应充分考虑到这种不利因素。

上海地区多层建筑减、隔震工程实践表明，消能支撑设置合理情况下，消能减震结构的层间剪力减少可高达 40%，基础隔震技术可降低 50%以上的地震作用，烈度可降低 1 度左右。上海地

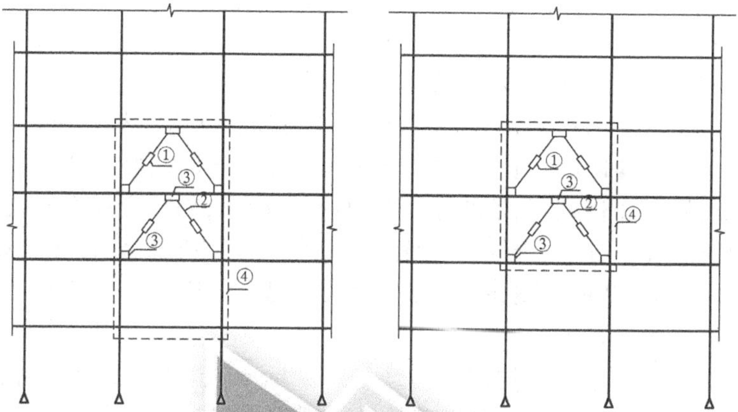

(a) 位移相关型消能子结构范围划定示意图　　(b) 速度相关型消能子结构范围划定示意图

①—消能器；②—支撑；③—连接件；④—消能减震子结构范围

图1　消能减震子结构范围划定示意图

区目前已建减震工程主要使用金属消能器、黏滞消能器和屈曲约束支撑，取得了良好的经济和社会效益。已建隔震工程所用隔震器和消能器主要有弹性滑板、叠层橡胶支座、黏滞阻尼器。

减震结构中的消能部件一般属非承重构件，其功能仅在结构变形过程中发挥耗能作用，一般情况下不承担结构竖向荷载作用，即增设消能器不改变主体结构的竖向受力体系，故消能减震技术不受结构类型、形状、层数、高度等条件的限制，应用范围广。由于消能器是因两端产生相对速度或相对位移而产生滞回变形耗能的，相对运动速度越大或相对位移越大，耗能越大，消能器的有效工作能减轻主体结构损伤。

隔震建筑一般能保证遭遇基本烈度地震后，室内设施完好，建筑使用功能不受影响；遭遇罕遇地震后，建筑使用功能基本不丧失或可快速恢复。

从经济性、安全性和技术合理性角度考虑，乙类建筑应优先考虑采用消能减震、隔震技术。

由于消能减震、基础隔震技术减震机理明确、减震效果显著，在施工过程中对用户的干扰较小，施工方便、施工周期短，因此，可用于既有建筑结构的抗震加固中。

隔震层的增加、消能支撑的使用可能会减少结构造价，也可能增加结构造价。确定减震、隔震设计方案时，宜综合考虑建筑抗震设防分类、场地条件等因素，对不同减震、隔震设计方案及传统抗震设计方案进行技术、经济的综合比较分析，确定最优减震、隔震方案，体现减震、隔震结构设计在提高结构抗震性能和经济性上的优势。

1.0.2 本标准的适用范围与现行国家标准《建筑抗震设计规范》GB 50011、现行行业标准《建筑消能减震技术规程》JGJ 297 基本一致，有些条款的规定是总结了近几年的国内外消能减震、隔震技术的工程应用经验和最新科研成果基础上提出的。消能减震的主体结构、隔震的上部结构抗震设计应符合国家和上海市的其他现行标准。当相关条文与现行国家标准不完全一致时，执行本标准。当现行国家标准的相关条文有修改、补充，本标准在作相应修改或规定之前宜执行本标准。近年来，上海地区存在大量的既有建筑需要提高抗震性能，采用消能减震、隔震技术可起到主动耗散地震输入能量，有效保证建筑物具有良好的抗震性能。鉴于上海地区是 7 度设防区，本标准的减震、隔震设计仅限于水平地震作用，当个别特殊建筑需要提升设防烈度至 8 度时，尚需考虑竖向地震作用。

1.0.3～1.0.4 与传统抗震结构相比，消能减震结构能有效减小结构的地震层间剪力高达 40%，具体减震效果取决于消能支撑的布置方式、数量、本体结构体系等，在相同的结构可靠度下，采用消能减震技术能减小结构构件的截面尺寸和配筋率，达到节约材料，调低造价的目的。这里所谓减小结构构件的截面和配筋率，一般由两条途径实现：一是金属屈服类消能支撑构成的消能子框架提供附加刚度转移吸收地震内力，减小部分构件变形，间接达到减小部分构件内力，进而起到减小部分结构构件的截面和配筋率。第二条途径是指目前按小震进行截面验算时的地震作用取值减小通过附加了有效阻尼比来实现。考虑到黏滞阻尼器的轴向刚度有限，且存在连接间隙，小震时的消能器耗能计算值往往会高估；金属屈服类消能器往往屈服表现不明显，故小震下进行截面验算时的地震作用计算的附加有效阻尼比宜取基本烈度下主体假定弹性得到的附加有效阻尼比。另外，结构中安装消能器后，不改变主体结构的竖向受力体系，因此，按本标准设计与施工的消能减震结构的设防目标，与现行国家标准《建筑抗震设计规范》GB 50011 基本的抗震设防目标保持一致，即当遭受低于本地区抗震设防烈度的多遇地震影响时，主体结构不受损坏或不需要修理可继续使用；当遭受相当于本地区抗震设防烈度的设防地震影响时，主体结构可能发生损坏，但经一般修理仍可继续使用；当遭受高于本地区抗震设防烈度的罕遇地震影响时，主体结构不出现严重破坏等级的震害。这里的要求高于一般结构抗倒塌要求，理由是要保证罕遇地震下消能器能发挥其最大消能作用。宜允许消能器在遭遇多遇地震时发挥部分消能作用，如速度型消能器、延性好的金属屈服型消能器(如软钢消能器，不包括屈曲约束支撑)是可以在遭遇多遇地震时就发挥部分消能作用的。这里的“部分”含义对黏滞消能器指扣除连接间隙后出力可达到设计阻尼力的 60%以上；对金属屈服型消能器宜进入屈服状态，可允许计算延性系数达到 2 以上。应保证消能部件罕遇下发挥最大消能功能，所谓“最大”含义指消能子结构中的主体结构构件基本不失效，连接部件弹性，黏滞消能器出力达到其设计阻尼力，金属屈服型消能器位移达到其设计位移，相应延性系数不小于 6。设防烈度下消能器的计算阻尼力可达到设计阻尼力的 90%以上。

消能减震结构主要由主体结构和消能部件组成，通过调整消能部件附加给结构的阻尼来实现地震输入能量的消耗，从而可方便地控制主体结构在不同设防目标下的反应(如主体结构保持弹性或部分构件进入弹塑性等)，使结构更容易实现比现有的规范更高的设防目标。因此，对重要的或有更高要求的新建消能减震或隔震建筑宜优先采用抗震性能化设计方法进行设计。

国内外震害经验表明，隔震建筑具有良好的抗震性能。遭遇罕遇地震时，隔震建筑往往可以成为避难和救灾中心。当采用减震系数衡量减震效果，隔震层上部采用降度法验算构件抗震强度时，隔震层上部结构的层间变形要求宜根据性能要求确定，可选择较高些的性能指标。

性能化目标的实现需要通过控制具体的性能设计指标来实现。性能化设计的基本步骤如下：①分析建筑的基本信息；②设定隔震建筑多水准性能化目标；③确定隔震支座类型、数量、参数、位置等；④进行隔震结构在不同地震水准作用下的地震反应分析；⑤若性能目标不满足，调整隔震设计参数，回到步骤③。若能达到性能目标，到此结束。

1.0.6 只要上部结构整体性有保证，合适的隔震技术可以有效降低1度以上地震作用，故采用隔震技术加固既有建筑理应设置更高的设防目标。

后续使用年限不低于50年的既有建筑采用消能减震技术进行加固时，其抗震设防要求可按照新建建筑进行。后续使用年限少于50年的既有建筑采用消能减震技术加固后，在遭遇同样的地震作用时其主体结构损坏程度允许略重于按后续使用年限50年标准鉴定加固的建筑，即主体结构设防目标可略低于后续使用年限为50年的既有建筑(但是消能子结构设防目标应不低于后续使用年限为50年的既有建筑)。其原结构构件的材料性能设计指标、地震作用效应等应按现行上海市工程建筑规范《现有建筑抗震鉴定与加固规程》DGJ 08—81的规定采用。

消能部件作为结构附属构件，一般不考虑其承担结构竖向荷载。因此，对既有建筑结构进行抗震加固时，一方面主体结构构件的竖向承载能力应达到相关规范要求；另一方面消能子结构中的非消能部件应具有良好的抗震性能;应对与消能部件相连接的节点进行详细的检测和分析,抗震性能不满足要求的应予于加固补强,以保证消能器在地震作用下能发挥良好的耗能性能。

1.0.7 隔震装置、消能部件的在役使用年限往往比其主体结构短,当前者使用年限达到后应被抽检,核算后续使用年限,或进行置换。

1.0.8 消能减震、隔震建筑的主体结构设计、施工、验收和维护应严格满足现行国家有关标准的相关要求。当本标准与国家标准相关规定存在不一致时,参见 1.0.2 条说明。消能减震、隔震结构工程在我国的工程实践和经验还很不足,缺乏震害资料,上海地区场地软弱,在确定隔震方案时尤其应考虑基础不均匀可能带来的隔震层损伤,地基基础的沉降限值应比非隔震建筑的现行规范要求更严。

2 术语和符号

2.1 术 语

本节汇总了本标准所采用与消能减震建筑设计、隔震建筑设计相关的专门术语。本标准中采用的其他术语均符合现行国家标准《建筑结构设计术语和符号标准》GB/T 50083、《建筑抗震设计规范》GB 50011、《建筑结构设计术语和符号标准》GB/T 50083、现行行业标准《建筑消能减震技术规程》JGJ 297、《建筑消能阻尼器》JG/T 209 及现行上海市工程建设规范《建筑抗震设计规程》DGJ 08—9 的规定。

本标准新增消能减震主要术语是计算屈服位移、计算屈服力、设计延性系数、滞回曲线、骨架曲线等，术语中给予了定义和简要说明，比较详细的说明解释详见本标准第 5 章的条文说明。

实践中，消能器力学性能检测时加载位移的控制精度受制于试验装置的刚度、消能器抗力、安装连接间隙大小等，每个加载步期望的消能器变形与加载位移不总是协调的，掌控精度有限，这样导致滞回曲线上寻找初始屈服位移、初始屈服力精度不好把控，一般可在设计位移下滞回曲线的卸载段用作图法作一割线，把该割线平移至原点相交，该割线与最先表现屈服的滞回环相交点，即可确定为初始屈服点。

消能器设计位移指减震结构在罕遇地震作用下计算得到的消能器两端可能发生的最大相对变形值。该参数主要用作设计人员对金属屈服型消能器、屈曲约束支撑耗能滞回曲线力学性能检验时的加载位移控制，以及对速度相关型消能器的产品行程要求。一般情况下，金属屈服消能器、屈曲约束支撑的力学疲劳性能检验时加载位移是以设计位移掌控的。设计位移下的试验滞回曲线与通过原点的初始刚度斜线相交点位移坐标称为完全屈服位移，也称计算屈服位移。设计位移与计算屈服位移之比称为设计延性系数，是描述金属消能器力学性能的最重要参数。

值得一提的是，金属屈服型消能器、屈曲约束支撑力学试验滞回曲线初始屈服点确定精度不是非常重要的，重要的是完全屈服点（即计算屈服点）位置确定，而初始刚度（或卸载刚度）、计算屈服位移、计算屈服力、设计延性系数等参数掌控了消能器力学性能特征。

消能器极限位移指消能器两端相对变形超过该值后被认为消能器可能失去消能功能，一般可取消能器设计位移的 1.2 倍；对于黏滞消能器，就是活塞杆偏离其中心点的极限行程。

消能器极限速度指标适应黏滞消能器，当消能器两端相对速度超过该值后被认为黏滞消能器可能失去消能功能，一般可取消能器设计速度的 1.2 倍。

消能器力学模型参数的选择参见本标准第 5 章相关内容及其条文说明。

2.2 符 号

本节汇总了本标准所采用的主要符号及其含义，按拉丁字母和希腊字母顺序排列。每个符号由主体符号或主体符号带上、下标构成。主体符号一般代表物理量，上、下标代表物理量以外的术语、说明语，用以进一步说明符号的涵义。本节未列出的其他符号及其含义均在各有关章节的条文中列出。

3 地震作用和作用效应计算

对于消能减震结构，消能部件布置于结构中，一般情况下不改变主体结构的结构形式和竖向承载能力。速度型消能部件以增加结构有效阻尼比方式减小水平地震作用。位移型消能部件则既通过增加有效阻尼比方式减小总的地震作用，又通过局部增加刚度改变地震作用的分配方式，降低部分构件的地震作用，达到提高结构整体抗震能力。对于不同方向的水平地震作用由该方向的主体结构抗侧力构件和消能部件共同承担，但在消能减震结构计算时，可将其分为主体结构和消能部件两部分，而消能部件一般不承载结构的竖向荷载，不改变主体结构类型(承载型屈曲约束支撑除外)。

对于隔震结构，主要是通过隔震层的有效工作，延长结构在较大运动时的水平振动周期，以及增加隔震层的阻尼比方式，较大幅度地减小隔震层上部结构的地震作用。

因此，消能减震或隔震结构只是减小水平地震作用，并不彻底消除地震影响，在估计了这种减震效果后的主体结构计算的基本原则还是应满足现行国家标准《建筑抗震设计规范》GB 50011的要求。8 度设防时，消能减震、隔震的大跨度和长悬臂结构和隔震高层结构应考虑竖向地震的不利作用。

本章未列出条款解释的，请参见现行上海建设工程规范《建筑抗震设计规程》DGJ 08—9 和现行国家标准《建筑抗震设计规范》GB 50011 的相应条款解释。

3.1 一般规定

本节多处出现消能器等效刚度术语，在实际工程进行减震结构计算分析中，消能器的等效刚度取值一般应进行多次试算，即前一次等效刚度取值时消能器位移与后一次计算的消能器位移计算输出值应基本一致，这时对应滞回曲线上位移处的割线刚度即为消能器的等效刚度。除非有特别规定外（如隔震分析的隔震周期计算取支座100%剪应变时的等效刚度），消能器等效刚度取值是随着输入地震强度大小而变的。

3.1.6 阻尼比5%，在周期6 s处，国家抗震规范设计反应谱 $\alpha = 0.205\alpha_{\max}$，本标准 $\alpha_{T=6\ s} = 0.181\alpha_{\max}$，后者为前者的0.883倍。如果国家抗震规范设计反应谱在6 s～10 s段，取6 s处的常数，则本标准在周期10 s处 $\alpha_{T=10\ s} = 0.115\alpha_{\max}$，后者为前者的0.561倍。

3.2 水平地震作用计算

3.2.3 为了使结构总地震剪力和楼层地震剪力保持一个安全合理范围，消能减震结构的楼层最小地震剪力系数可根据附加有效阻尼比作适当调整，其值可取消能减震结构计算出的楼层剪力乘以1.2的增大系数与相应楼层的重力荷载代表值的比值。隔震结构隔震层上部的楼层最小地震剪力系数可按减震系数大小作调整。

3.3 竖向地震作用计算

3.3.3 长悬臂、大跨度结构的定量划分是与设防烈度大小相关的。对应8度设防，一般认为净悬臂端大于等于2.0 m就是属于长悬臂；计算跨度大于等于24.0 m即为大跨度。

3.4 截面抗震验算

3.4.5 为了保证消能部件能充分发挥作用，消能子结构的结构构件重要性应是比一般构件高，但可以低于关键构件的要求，故列为重要构件，除非按定义其已经是关键构件。一般情况下减震结构都要求进行弹塑性时程分析，消能子结构的性能状态比较容易获得。新建工程要求混凝土构件全长范围内箍筋加密，加固工程可按消能器类别及施工可行性酌情考虑消能子结构的延性及增强措施，应保证抗震薄弱构件不出现在消能子结构部位。

3.5 抗震变形验算

3.5.1～3.5.3 传统结构允许结构进入塑性来吸收地震的能量，这会造成结构较大的损伤。而对于隔震结构，由于隔震层吸收了大部分的能量，因此上部结构有可能不受损伤或者损伤较小。在对结构上部进行设计时，应尽量进行弹性设计，或使结构具有足够的强度，避免产生显著的塑性变形。因此，为减少结构的层间变形，隔震结构应避免延性设计，以保证上部建筑结构设计的自由度。

基于上述考虑，隔震层上部结构应比非隔震结构层间位移角限值有更高的要求。现行国家标准《建筑抗震设计规范》GB 50011 中对于层间位移角限值的确定，充分考虑了柱、剪力墙等重要抗侧力构件的开裂，同时考虑了填充墙以及其他非结构构件可能遭遇的损坏，已开裂程度是位移角限值的取值依据。如采用 1/550 作为框架结构的位移角限值，不仅可以在一定程度上避免填充墙出现联通斜裂缝，而且可以控制框架柱的开裂。这些限值同样可以作为隔震层上部结构层间位移角限值的重要依据。隔震层以上结构在多遇地震和设防烈度地震作用下要求结构保持弹性，因此层间位移角限值依然保持了现行国家标准《建筑抗震设计规范》GB 50011 中的多遇地震取值。对于罕遇地震作用下的层间位移角取值，由于隔震建筑的安全性高于非隔震建筑，钢筋混凝土框架结构的弹塑性层间位移角限值相应严于非隔震建筑。同时考虑到我国的经济实力，上部结构层间位移角的限值要求与日本标准在设防烈度地震时大体相当，但在大震时略微降低。日本设计标准对于所有隔震结构层间位移角限值都是相同的：设计地震为1/300，罕遇地震为1/150。

3.5.4 为了使隔震层充分发挥隔震效果，隔震层以下结构应具有足够的刚度。与传统结构一样，不应使其发生过度的水平移动。隔震层以下结构，应按中震（设防地震）弹性、大震（罕遇地震）不坏且可修进行设计。大震不坏是指，混凝土可能开裂，但受拉钢筋不屈服，截面受剪不破坏。

对于地铁上盖和层间隔震类结构，隔震层下部结构层间位移角限值可根据构件实际性能情况适当放松。

3.5.5 在非结构构件及设施应有的柔性连接的要求之外，隔震层变形限值的原则是：不影响震后的救援和立即恢复使用功能。具体的变形参数应根据使用功能、隔震支座在大震时的设计位移、隔震层预留的变形空间和恢复使用功能的难度来综合确定。总体上，隔震层的变形应有最大限值，以确保隔震层安全。

3.6 抗震性能化设计

3.6.1～3.6.4 消能减震结构和隔震结构的抗震性能化设计，应根据实际需要确定不同的性能目标和水准，以达到预期的设计要求。本标准抗震性能化设计指标与现行上海市工程建设规范《建筑抗震设计规程》DGJ 08—9 基本一致，且不低于本标准第 3.5 节的要求。

4 消能减震建筑一般要求

4.2 消能器选择

4.2.1～4.2.2 国内一些厂家经过多年的工程实践，积累了丰富的消能器生产、安装经验。为了保证消能器性能的可靠性和稳定性，消能器生产厂家宜将消能器按力学性能指标不同需求进行标准化、规格化。设计单位应在设计文件中标注清楚计算模型中所定义的全部消能器力学参数及性能指标。

当金属类消能器的设计延性系数小于6，疲劳试验30周累积设计延性系数小于720时，常遇地震下减震结构抗震验算不应计入消能部件的附加有效阻尼比。这些消能部件的耗能效果可在罕遇地震下弹塑性的位移计算或性能分析时作为消能构件计及。

消能器的变形能力指标是减震设计首要考虑的问题，罕遇地震下的减震结构分析应重点核查金属屈服类消能器的延性指标是否满足不失效要求。

4.3 结构分析

4.3.1，4.3.2 不同类型消能器对消能减震结构的动力特性和动力反应会产生比较大的影响，消能器工作时表现的强非线性特性使消能减震结构的分析复杂化：在多遇地震作用时，主体结构保持弹性状态，消能器未进入或刚进入消能工作状态，此时一般位移相关型消能部件基本只为主体结构提供刚度；而非线性黏滞消能器则可能计算出较好的减震效果，实际上扣除安装间隙，耗能效果可能很有限，故计算的减震效果应折减。在设防地震下，消能器在主体结构进入轻微弹塑性变形之前进入耗能阶段，消能器将表现出较强的非线性特征；在罕遇地震作用下，主体结构将产生较大的弹塑性变形，消能器也进入强烈的非线性工作状态。因此，消能减震结构分析必须考虑主体结构和消能部件在不同工作状态下的性能特征。多遇地震和基本烈度情况下，当根据结构层间变形情况可假定主体结构构件基本处于弹性工作阶段时，可建立用非线性连接单元模拟消能器力学行为且包含连接构件的空间有限元模型，采用时程分析法估计消能支撑的减震效果。罕遇地震下宜根据主体结构构件损伤情况，采用静力弹塑性分析、弹塑性时程分析方法估算消能减震结构的变形情况。主体结构和消能器所处的状态及适合的分析法见表1。

表1　主体结构和消能器所处的状态及适合的分析方法

主体结构状态	消能器状态	分析方法	
线性	线性	振型分解反应谱法 目的：获得构件内力、层间剪力、层间位移角等	弹性线性时程分析方法 目的：获得层间剪力、层间位移角、消能器耗能情况等
线性	非线性	振型分解反应谱法（计及消能器非线性特性） 目的：获得构件内力、层间剪力、层间位移角等	非线性时程分析方法 目的：获得层间剪力、层间位移角、消能器耗能情况等
弹塑性	非线性	静力弹塑性分析方法（计及消能器非线性特性） 目的：获得最大位移角、塑性角分布	非线性时程分析方法 目的：获得层间剪力、层间位移角、塑性铰分布、消能器耗能情况等
等效线性	非线性		非线性时程分析方法 目的：获得层间剪力、层间位移角，消能器耗能情况

4.3.3，4.3.4　消能减震结构由于消能器的存在，增加了结构的总阻尼比 ξ。因此，消能部件附加给结构的有效阻尼比的计算是消

能减震结构体系设计中的一个关键问题。当ζ计算过高，会高估消能器的耗能能力，使结构设计偏于不安全；当ζ计算过小时，消能器作用未能有效计入其减震效果，将增加经费投入。因此，需合理地计算消能器附加给结构的阻尼比，使结构设计既安全又经济。

消能减震结构的阻尼比由主体结构阻尼比和消能部件附加给结构的有效阻尼比组成。当结构处于弹性状态时，主体结构阻尼比为一定值（混凝土结构可取为0.05、钢结构可取为0.02/0.03）；当主体结构进入塑性状态后，部分结构构件发生塑性变形，总阻尼比相对于弹性状态有所提高，主体结构阻尼比应重新计算，并考虑结构构件塑性变形的影响。

按照现行国家标准《建筑抗震设计规范》GB 50011的要求，当消能减震结构总阻尼比超过30%时，应取30%。

消能减震结构中的位移相关型消能器会给结构提供附加静、动力刚度，而速度相关型消能器仅会附加所谓动力刚度；这些附加刚度大小与消能器的相对位移、阻尼力大小有关。因此，在计算结构地震反应和振动周期时应考虑附加刚度的影响，消能器为结构提供的附加刚度一般采用有效刚度。

目前，抗震设计规范两阶段设计概念与消能减震结构的减震效果评价存在一些不协调现象。黏滞消能部件的连接一般存在间隙，这会降低消能器在微小行程时的出力效果，但这种连接间隙影响在目前广泛使用软件单元中尚无法计及；故安装非线性黏滞消能器结构多遇地震下响应分析的减震效果是被人为放大了，如何评价这种放大目前尚无定量指标衡量。金属消能器在多遇地震下往往屈服位移很小或根本不屈服，屈曲约束支撑如果设计成小震屈服，则罕遇地震下很难保证其不断裂。刻板地套用两阶段设计概念，则小震设计阶段消能器的减震效果无法计及。事实上，多遇地震下抗震验算过程是为保证设防地震、罕遇地震的抗震能力。地震造成结构破坏是躲不过设防地震强度的，而罕遇地震下主体结构通常都会进入较严重的损伤，结构呈严重非线性状态，结构分析复杂。显然，设防地震下消能器提供附加有效阻尼比的多少才是减震设计问题的实质。为了方便计算又能较好评估消能器的耗能效果，一般可以假定设防地震下主体结构弹性，消能器进入非线性，采用合适的计算方法评估消能器提供的附加有效阻尼比，并以此附加有效阻尼比代入多遇地震下的抗震验算，才是合理、有效的策略。

对于安装黏滞消能器的减震结构，设防地震下消能器连接间隙与计算行程相比很小，消能滞回环相对饱满，该工况下计算得到的有效阻尼比更可信。对于设计延性系数较大的金属类消能部件，设防地震作用下，可以要求消能器的计算延性系数大于 3，这时消能器滞回曲线也能相对饱满。以上基本设防地震下获得的有效阻尼比，可以放入消能减震结构在多遇地震作用下的主体结构抗震验算的总有效阻尼比中，同时附加消能器处于设防地震响应状态时的等效刚度。

消能器等效刚度取值参见本标准第 6 章相关内容。

4.3.6 当消能减震结构采用成熟和广泛使用的软件建立三维空间模型，且把消能部件的支撑、连接件刚度用合适单元进行了模拟时，对于一般多层结构则不硬性规定使用两个不同的软件分析消能部件的减震效果。所谓成熟软件，是指软件所含的单元类型库和求解方法能准确描述减震结构所使用的消能器的物理力学特性。

4.3.7 罕遇地震下消能减震结构分析，应考虑主体结构弹塑性变形对消能器实际可能遇到的最大行程的影响，且应给予余量，从而保证消能部件正常工作。

4.4 连接与节点

4.4.1 日本《被动减震结构设计·施工手册》中指出，当屈曲约束支撑加固的钢筋混凝土支撑截面设置成“K”字形时，由于其与上层大梁连接节点处采用钢板焊接，使得钢板部分发生互不相同的平面外失稳，并导致大梁发生大的扭转变形和钢筋混凝土加固部分的混凝土剥落。由于屈曲约束支撑端部的“十”字形节点板或连接板，即使其区间很短，但往往仍以单独的板单元出现，故必须考虑该节点处屈曲失稳的可能性。因此，对节点所连接杆件部分的应力分析不能简单地采用构件模型进行评估，必须建立节点区域局部的详细模型用以分析塑性变形的集中程度。在设计消能器时，必须考虑到在结构总体达到极限承载力前不产生上述的局部损伤。

由于水平地震作用集中在支撑上，作为力传递路径的楼板将产生平面内剪力，单独的组合大梁有可能发生楼板剪切破坏的情况。尤其是采用墙式连接时，支承梁端很容易出现剪切破坏；当大梁中间部分设置有“人”字形支撑剪切板时，消能器的水平抗力将对大梁跨中产生附加弯矩，进而在梁端产生弯、压(拉)、剪的复杂应力状态。

为了避免上述情况在消能部件中出现，消能部件设计过程中必须考虑支撑的连接部位在消能器最大阻尼力作用下的受力性能及整体稳定性，其连接构造措施应满足国家现行标准《混凝土结构设计规范》GB 50010、《钢结构设计标准》GB 50017 及现行行业标准《型钢混凝土组合结构技术规程》JGJ 138 的要求。

4.4.2 消能器与支撑构件和主体结构的连接，考虑到施工制作方便和易于更换，一般采用螺栓连接或销栓连接。实践中，黏滞消能器大多是销栓连接，而位移相关型消能器大多采用焊接连接。焊接连接件的现场施工应注意避免焊接高温对混凝土构件强度的损伤。对于屈曲约束支撑，应充分考虑到刚性连接附近弯曲效应对支撑受力的影响，减小这种不利影响的有效措施是采用销栓连接。

4.4.3，4.4.4 通过对经历过实际地震考验的消能减震结构调研分析，发现消能部件存在一定的侧向失稳现象，其原因在于建筑结构的复杂性及不规则性，使得按照平面框架理论分析设计的消能部件与实际情况可能存在较大偏差，而侧向失稳与否直接关系消能器的减震效果。因此，在消能减震设计中，需保证在地震作用下消能部件及其与结构构件相连的节点能够正常传递阻尼力。

4.5 消能部件材料与施工

4.5.1～4.5.3 消能部件的连接件在材料选用、施工程序及材料采用上应满足现行国家标准《建筑抗震设计规范》GB 50011 的规定。当消能器对连接件所用材料有特殊要求时，应作特殊说明。

4.6 耐久性规定

4.6.1 钢结构在高温条件下材料强度会明显降低，并发生蠕变，从而使其失去承载能力。对于消能减震结构，为了避免消能器在建筑自重下出现明显的变形，一般情况下，布置于建筑中的消能器不承受建筑的竖向荷载。因此，消能器在发生火灾后即使出现失效，也不会导致结构失去竖向承载能力，从而不需要进行防火处理。但屈曲约束支撑在建筑中使用，有可能要承载竖向荷载，对于该类支撑需要按主体结构要求进行防火处理。

4.6.2 对于金属消能器和屈曲约束支撑，其消能材料或消能元件可能都是钢材，由于钢材在高温情况下力学性能会发生明显的改变，可能会使消能器的力学性能发生变化，达不到原设计要求，导致结构偏于不安全。黏滞消能器中的黏滞材料的消能性能对温度剧烈变化较为敏感。为此，消能器在过火或高温之后应进行检查和性能检测，重新判定消能器是否能继续使用或更换。

4.6.3 消能器在使用过程中如遇变形缝被外物堵塞或消能器本身出现性能问题，将会影响消能器对结构地震反应的控制效果。

为避免该现象发生，设计文件中应注明可由生产厂家在消能器正常使用期间和地震发生后对消能器进行回访检查，以确保消能器的正常使用；或设计文件中注明由业主在建筑正常使用期间定期检查消能器外部情况，如发现黏滞消能器漏油、位移型消能器锈蚀，应通知专业人员维护；地震发生后应委托专业技术人员对消能子结构受损情况进行检查。

5 消能器的技术性能

5.1 一般规定

5.1.1 建筑物使用年限是设计规定在既定的时间内，建筑只需进行正常的维护而不需进行大修就能按预期目的使用，完成预定的功能，即房屋建筑在正常设计、正常施工、正常使用和维护下所应达到的使用年限。消能减震结构设计中，消能器的性能指标设计和产品质量至关重要，消能器一旦失效，不仅原有减震设计目标很难达到，而且在地震作用下还可能产生负面效果，如导致结构动力特性改变、增强地震作用等不利效应等。

目前，还无法对地震的发生作出合理的预测，无法判断其发生的时间、地点和强度。消能器作为结构中消耗地震能量的主要构件之一，在建筑的设计使用年限内应时刻处于有效工作状态，从而保证在地震作用时起到减震作用。为此，各种消能器产品上应标注出厂时间和使用年限。消能器从生产日期算起的寿命达到其使用年限时，应按不少于10%的比例数量拆下消能器送至具有检测资质的试验室抽检性能，确定消能器新的使用年限。抽检质量不满足继续使用要求时，应更换新的消能器，或置换消能器部分元件，使其满足设计要求。一般认为，金属消能器在使用期内防腐有保证时，其使用年限应与其材质使用年限一致。对于黏滞消能器的性能保证使用年限不宜大于30年，生产厂家另有质量保证说明的除外。

5.1.2 研究表明，影响黏滞消能器耐久性能的主要因素是温度变化、应变幅值和频率、紫外线等；金属消能器耐久性影响主要包括锈蚀和钢材在高温下的软化和低温下的脆性断裂等。为此，消能器的耗能性能和使用年限很大程度上受温度、腐蚀等环境因素的影响，在设计和使用消能器期间要考虑到这些因素，应有抗老化、防腐蚀的可靠措施。

5.1.4 消能器一般由消能元件或构件和非消能构件组成，如金属消能器由连接板、消能板或螺栓组成，黏滞消能器由消能黏滞材料和非消能的缸体、活塞、密封圈、耳环等组成，黏弹性消能器由钢板、黏弹性材料或螺栓等组成。为避免因材料缺陷、安装偏差、超强地震作用的突增等因素引起的非消能构件失效而导致消能器无法正常工作的情形，消能器中非消能构件必须具有足够的安全储备。为此，在消能器设计时，非消能元件、构件或螺栓等承载能力应按大于消能器 1.5 倍极限阻尼力原则选取。

对于不包含在本标准明确规定的金属、黏滞和黏弹性类消能器的其他类似消能器，可能会出现一些其他形式的滞回曲线，其滞回力学特性合格判定按其产品性能说明检验。

消能器应在构造上保证其非消能方向具有足够刚度和强度，不发生非消能方向的失效。

5.1.5 消能减震结构往往要求其性能比一般抗震结构高些，故罕遇地震下的结构层间位移角往往比较小，如果取消能器设计位移计算值放大 1.2 倍作为其极限位移，可能会小于本标准表 3.5.3 结构弹塑性层间位移角限值规定下消能器可能达到的位移，这是非常危险的，即消能器可能先于结构严重破坏或倒塌前失效。故消能器的位移或变形设计值还应注意到标准对不同类型结构变形的限值要求。

5.2 金属消能器与消能构件

5.2.3 金属消能器与消能构件的力学模型包含两方面内容，一是逐级位移加载形成的消能器抗力（阻尼力）随变形增加的强化特性，即所谓骨架曲线特性；其二是耗能滞回特性，用初始屈服点、计算屈服点（也称全截面屈服点或名义屈服点）、屈服后退化刚度及卸载规则描述，滞回特性直接影响消能器的耗能特性。已有研究表明，简单钢材逐级增幅往复加载的拉压弹塑性试验滞回曲线，表现出显著的强度硬化和与加载路径密切相关关系，以及往复疲劳强度退化特征。即相同位移激励下的滞回曲线并不会完全重合，在多等级位移激励下的多次循环试验滞回曲线可组成试验滞回曲线族，故由钢材制作而成的金属消能器就必定呈现出 Ramberg-Osgood 模型（简称 R-O 模型）特征。但是对于减震分析工作来说，目前常用软件一般仅需要知道滞回规则即可，故该条仅对金属消能器的滞回特性提出若干控制参数要求，见图 2。消能器力学性能检测单位应根据用户需要，可同时提供滞回曲线控制参数和骨架曲线控制参数。

金属消能器的骨架曲线宜简化为三段线性模型，而加载与卸载的滞回曲线取典型的 R-O 模型（图 2）。为了适应目前广泛使用的最新版 SAP、ETABS 等软件，建议取等强强化模型，其中可使用双线性、三线性或多线性的弹塑性模型。

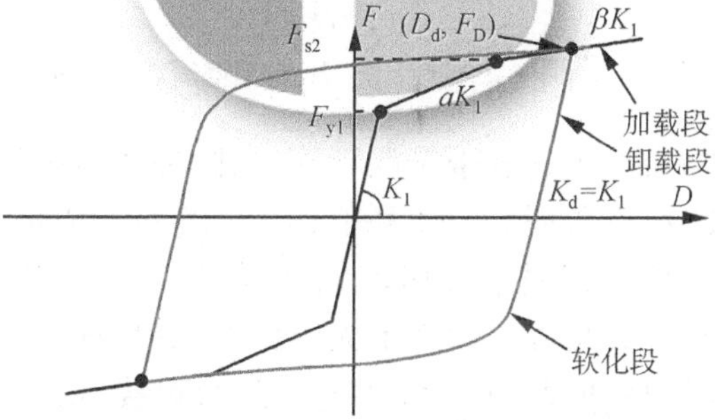

图 2　修正的 R-O 模型骨架、滞回曲线

图中：　F_{y1} ——初始屈服力（kN）；

F_{s2} ——骨架曲线的第二次屈服力（kN）；

D_d、F_D ——设计位移、设计屈服力(mm、kN)；

K_1，K_d ——初始刚度、卸载刚度，前者取后者相同的值(kN/mm)；

α，β ——骨架曲线的屈服后第一、第二刚度比。

修正 R-O 模型的滞回曲线满足式(1)：

$$D - D_i = \frac{F - F_i}{K_1}(1 + b \mid F - F_i \mid^{\varphi-1}) \tag{1}$$

式中，(D_i，F_i) 为上次卸载点的坐标；b 和 φ 分别为控制滞回曲线形状的常数，试验报告宜给出每个试件的建议值。典型的修正 R-O 模型滞回环与单圈加载的试验曲线对比见图 3。

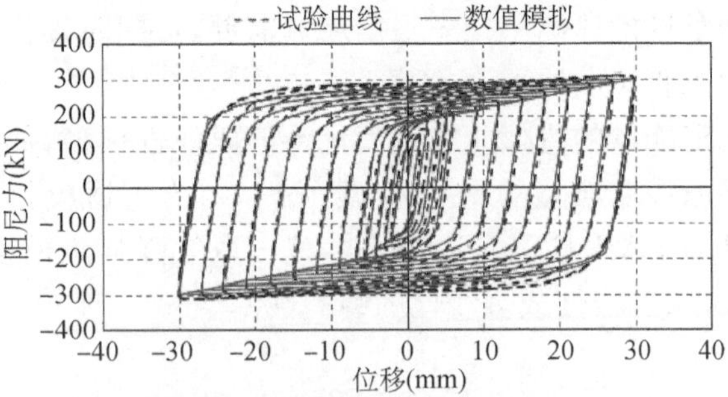

图 3 试验曲线与修正的 R-O 模型滞回拟合曲线

近年来，市场上还有金属耗能连梁、防屈曲钢板墙、双阶屈服屈曲约束支撑、双阶屈服金属耗能连梁及部分 BRB 等产品，从耗能机制上说，应该都属于金属消能器，但是其中的某些制作工艺不成熟，往往设计延性系数都不大，且耐疲劳性能较差，主要原因是耗能材料采用普通低碳钢，加工工艺为焊接，都没有消除焊接残余应力，故只能基本属于构件层面的消能器，所以把延性系数 $\mu_d \leqslant 6$ 但等幅加载试验达不到 30 周(满足 6 周)要求的产品统一归为金属消能构件。采用金属消能构件的减震设计要求见本标准附录 A，其力学性能检测基本要求见本标准附录 C。其使用限值被当成一般具有一定耗能特性的构件，不计其对小震下的结构强度验算的附加有效阻尼比减震效应。

5.2.4 表5.2.4金属消能器力学性能要求与行业标准《建筑消能减震技术规程》JGJ 297—2013相应规定有所调整，主要是根据近几年工程实践经验，把消能器力学滞回曲线、骨架曲线描述细化了，使得消能器性能检验、计算模型选取等有据可依。考虑到试验工作可操作性，把疲劳试验中的滞回曲线面积误差要求去除了。

本条给出的试验加载位移起始步长为$0.2D_d$，也可以根据设计要求在此步长之前增加步数，这样得到的初始屈服位移还会更小点。由于初始屈服点描述的是消能器的局部屈服状态，故存在较多的不确定性。对于软钢材料，其多次加载强度硬化空间较大。对于用作耗散地震能量的消能器，完全屈服点即本标准定义的计算屈服点才是影响减震设计的性能点。根据消能器构造形式及耗能材料特性不同，F_{y2}/F_{y1}值在1.2～2之间。

金属消能器之所以称其为阻尼器，一是因为其弹塑性滞回面积饱满，克服了一般延性结构构件滞回曲线的捏拢特征，二是其具有较好的延性性质。实践证明，用金属材料制作的各种形态的构件，其弹塑性滞回曲线满足饱满特征并不难，难的是其耐疲劳的延性特征往往不令人满意。近年来，市场上还出现了金属耗能连梁、防屈曲钢板墙、双阶屈服屈曲约束支撑、双阶屈服金属耗能连梁等产品，展现出欣欣向荣景象。为了鼓励更多的优良消能器产品催陈出新，体现优胜劣汰，保证消能减震技术不断创新发展，把金属屈服类消能器按设计延性系数划分为A、B、C、D、E级。

减震结构计算分析中应重点关注各地震响应阶段消能器出现的最大延性系数计算值，提出消能器的延性要求，不能片面强调多遇下耗能效果，从而导致罕遇地震下延性系数计算值超出常规产品的力学特性极限。根据已有的大量产品检验数据，BRB满足30周往复加载疲劳试验的设计延性系数大多数在$3 \leqslant \mu_d \leqslant 6$区间内。对于设计延性系数小于6的金属消能器,宜当成一般消能构件使用,不宜考虑其耗能带来的所谓附加有效阻尼比减小多遇地震下的地震作用,不宜用这种效应来减小主体结构构件配筋。

本条累积延性系数指疲劳试验30周往复加载过程试件经受的正负加载位移下延性系数之和,如某试件的30周往复加载设计位移为24 mm,滞回环上确定的计算屈服位移为2 mm,则延性系数$\mu_d = 24/2 = 12$,累积延性系数。$\sum \mu_d = 12 \times 4 \times 30 = 1\,440$。A、B、C、D、E级消能器的累积延性系数要求分别为1 800、1 440、1 080、720、360。

试验装置的机械运动方式严重影响消能器的力学性能指标的真实性,各类消能器试验装置应消除影响试件力学特性的不利施载因素,试件的边界约束应能反映消能器工程连接边界的真实性。

5.3 屈曲约束支撑

5.3.1～5.3.5 屈曲约束支撑(简称"BRB")可分为承载型屈曲约束支撑和消能型屈曲约束支撑。承载型屈曲约束支撑是指利用屈曲约束的原理来提高支撑的设计承载力,保证支撑在屈服前不会发生失稳破坏,从而充分发挥钢材强度的承载结构构件。消能型屈曲约束支撑是利用屈曲约束的原理来提高支撑的设计承载,防止核心单元产生屈曲或失稳,保证核心单元能产生拉压屈服,利用屈服后滞回变形来耗散地震能量。其滞回曲线形状与金属消能器类同,参见图2和图3。根据上述原理,设置消能型屈曲约束支撑的框架结构不属于抗规中钢支撑-混凝土框架结构体系,除满足本标准的相关规定外,主体结构可按一般框架结构进行设计。弹性设计时,带屈曲约束支撑的混凝土框架结构中框架部分按刚度分配的地震倾覆力矩不宜低于结构中倾覆力矩的50%;这时多遇地震下结构的模态阻尼比与混凝土框架结构取值相同，即不考虑 BRB 耗能带来的所谓附加有效阻尼比，因为一般的钢制屈曲约束支撑的延性系数 $\mu \leqslant 6$，故多遇地震下结构分析不应让屈曲约束支撑位移超出计算屈服位移，否则大震下就有可能会发生断裂。

本标准所涉及屈曲约束支撑性能要求均指消能型屈曲约束支撑。

屈曲约束支撑的构成分为横向构成与纵向构成。

横向构成分为 3 个部分：核心钢支撑、无粘结构造层、屈曲约束机构（约束单元）（图 4）。

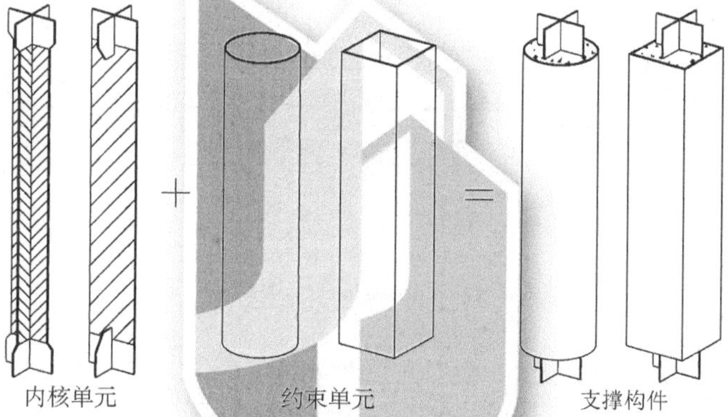

图 4　屈曲约束支撑的典型构成

核心钢支撑又称芯材或核心受力单元，是屈曲约束支撑中主要受力元件，由特定强度的钢材制成，一般采用低强度钢材或 Q235 钢。常见的截面形式（图 5）为“十”字形、“T”形、“双”T 字形、“一“字形或管形，分别适用于不同的刚度要求和耗能需求。

无粘结构造层用来有效减少或消除芯材受约束段与砂浆之间的剪力，可采用橡胶、聚乙烯、硅胶、乳胶等。由于约束机构作用，核心单元的耗能段可能会在高阶模态下发生微幅屈曲，此外，还需要足够的空间容许芯材在受压时膨胀，否则由于核心单与约束机构接触而引起的摩擦力会迫使约束机构承受轴向力，因而，无粘结构造层和核心单元间需要留一定的间隙。但是,如果间隙太大,核心单元的耗能段的屈曲变形和相关曲率会非常大,一方面会减小屈服段的低周疲劳寿命,另一方面可能会导致核心单元的耗能段产生屈曲失稳。因此,间隙一般取 1 mm～2 mm。

屈曲约束机构主要起约束作用,一般不承受轴力:可采用钢管、钢筋混凝土或钢管混凝土为约束机构。根据屈曲约束机构的不同,可将屈曲约束支撑分为钢管混凝土型屈曲约束支撑、钢筋混凝土型屈曲约束支撑和全钢型屈曲约束支撑(图 5)。

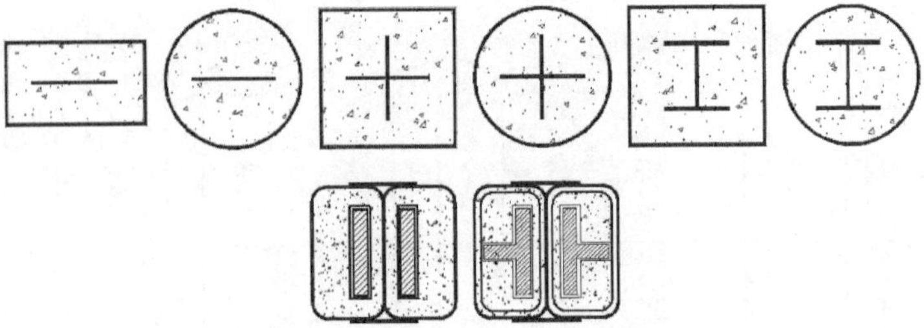

(a) 钢管混凝土型屈曲约束支撑截面

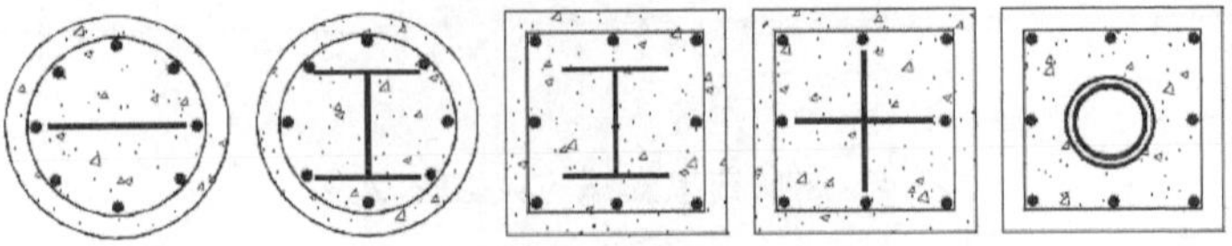

(b) 钢筋混凝土型屈曲约束支撑截面

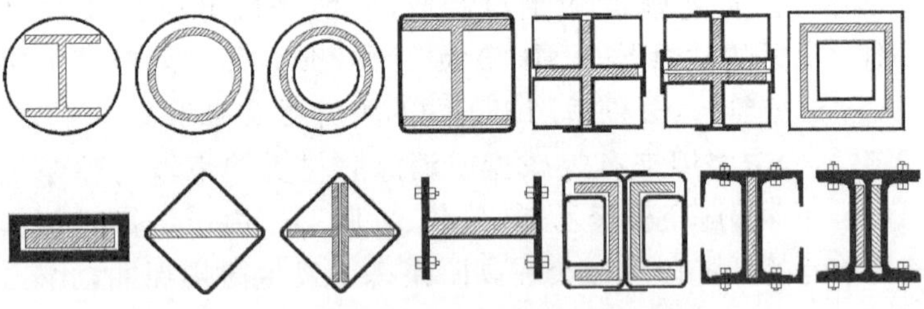

(c) 全钢型屈曲约束支撑截面

图 5 常用截面形式

纵向构成指核心钢支撑的组成，分为 3 个部分：工作段、过渡段、连接段（图 6）。

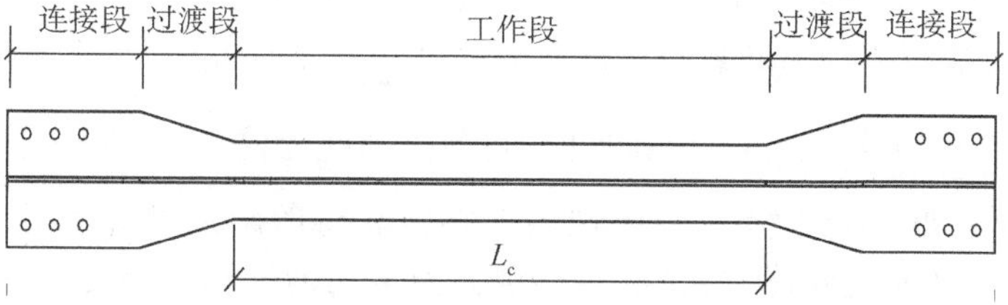

图 6　屈曲约束支撑钢核芯图示

工作段又称耗能段：该部分可采用不同的截面形式，由于要求支撑在反复荷载下屈服耗能，因此需使用延性较好、屈服点低的钢材。同时要求钢材的屈服强度值稳定，这对屈曲约束支撑框架能力设计的可靠性非常重要。

过渡段：该部分也包在屈曲约束机构内，通常是耗能段的延伸部分。为确保其在弹性阶段工作，故需要增加构件截面面积。可以通过增加耗能段的截面宽度来实现（截面的转换需要平缓过渡以避免应力集中），也可通过焊接加劲肋来增加截面积。

连接段：该部分通常是过渡段的延伸部分，它穿出屈曲约束机构，与框架连接。为便于现场安装，通常为螺栓连接，也可采用焊接连接。这部分的设计需考虑安装公差，方便安装和拆卸，防止局部屈曲。

对于屈曲约束支撑节点所连接杆件部分的应力分析不能简单地采用构件模型进行评估，必须建立节点区域局部的详细模型用以分析塑性变形的集中程度。在设计消能器时，必须考虑到在结构总体达到极限承载力前不产生上述的局部损伤。因此，屈曲约束支撑的设计过程中必须考虑支撑的连接部位在屈曲约束支撑最大出力的受力性能及整体稳定性。

5.3.6～5.3.7　目前国际上一般不把屈曲约束支撑作为阻尼器使

用，其原因之一主要是一般的钢制屈曲约束支撑的延性系数很小，基于初始屈服位移的累积延性系数要求仅约为200。本条规定合格的BRB产品的设计延性系数必须满足$\mu_d \geqslant 3$，且30周等幅加载疲劳试验的累积延性系数满足$\sum\mu_d \geqslant 360$要求。当满足$\mu_d > 6$和$\sum\mu_d > 720$条件时，可作为消能器使用，多遇地震下抗震强度验算可计及其设防地震下响应获得的附加计算有效阻尼比、等效刚度贡献。否则，只能规并为金属消能构件，作为一般的耗能延性构件参与各阶段地震响应工作，可计及其刚度贡献，多遇地震下结构抗震强度验算不能计及其附加有效阻尼比贡献。

设计延性系数μ_d是金属消能器的最重要参数，减震结构的消能器配置一定要考虑罕遇地震下消能器延性是否满足要求。由以上延性系数限值要求可知，多遇地震下结构分析不应让BRB、消能构件的位移超出计算屈服位移，否则大震下就会发生断裂。

一般的耗能型屈曲约束支撑变形、受力是串联机制，其延性比其他并联机制消能器的延性相差很大。计算分析中，应严格核查BRB在罕遇地震下计算延性系数值不得超过其产品质量检测获得的设计延性系数实测值。

与BRB类似的屈曲约束钢板剪力墙、钢连梁等所谓"消能-承载双功能构件"，简称为金属消能构件，其力学特性的型式检验应满足本标准附录C的要求。其抵抗风荷载功能与减震功能设计原则见本标准附录A。

5.4 摩擦消能器

5.4.1～5.4.4 摩擦消能器一般由钢元件、摩擦片和预压螺栓等组成，地震时，由摩擦片与钢元件之间产生摩擦，消耗能量。摩擦消能器自身刚度大，起滑位移小，滑动位移不受限制，可以满足各水准地震作用下提供附加阻尼的需求。

摩擦消能器设计制造时应消除螺栓预压力长期作用时产生的螺杆的应力松弛。同时应避免钢元件与摩擦片之间的冷黏结或冷凝固，确保摩擦消能器随时间具有稳定的性能。

试验表明，摩擦消能器重复多次试验后仍具有稳定不变的性能，因此试验后的摩擦消能器能够继续使用。

摩擦消能器试验检测符合下列规定：

1 按设计位移循环加载 30 周。

2 开始加载到滑动时最大力为起滑摩擦力。

3 以滞回曲线第 2 圈起位移 0 点处的摩擦力为滑动摩擦力。

4 初始刚度可以取初始加载直线斜率，也可以取滞回曲线第 2 圈的卸载刚度。

5 极限位移按本标准第 5.1.5 条取。

6 滞回曲线面积理论值按平行四边形的面积计算，斜边取摩擦消能器的初始刚度。

5.4.4 工程中使用摩擦消能器应满足设计要求，这几个参数是摩擦消能器的关键参数，应进行检测。

5.5 黏滞消能器

5.5.1～5.5.5 本标准所述黏滞消能器包含目前使用较广泛的两种类型：一种为带有内压（无内压）的密封圆筒式；另一种为无内压的开口墙式。前者通常称为黏滞阻尼器，一般是由钢材制作的缸体、活塞和黏滞流体等部分组成，两端通常采用销轴与连接件连接，黏滞流体阻挡活塞运动产生阻力。后者通常称为黏滞阻尼墙，一般由钢板制作而成的箱体、活动钢板和黏滞流体等组成，上下两端采用焊接或螺栓锚固方式与连接件连接。阻尼墙的上端为活动钢板的上端，下端为箱体的下端，包裹钢板的流体的黏滞力阻挡钢板的运动。二者均是利用黏滞材料剪切运动时产生黏滞阻尼力来耗散能量的减震装置，其力学性能受黏滞材料和加载频率的影响大，需要对材料和不同频率的加载情况进行限定。

黏滞消能器宜采用 Maxwell 模型(麦克斯韦模型)。Maxwell 模型中阻尼单元与“弹簧单元”串联(图 7)，模拟黏滞消能器时应考虑消能器的活塞杆柔度和黏滞流体的可压缩性，根据产品提供的滞回曲线适当选取其初始弹性刚度 K_1，阻尼器的力学模型应考虑这种弹性。一般情况下，黏滞消能器至少有一端是铰接，当消能器的计算相对位移较小时，还应考虑连接间隙存在导致消能器计算耗能能力与实际耗能能力差异。

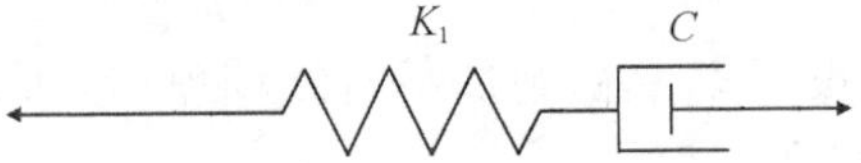

图 7　Maxwell 模型

表 5.5.3-1 和表 5.5.3-2 黏滞消能器力学性能要求与行业标准《建筑消能减震技术规程》JGJ 297—2013 相应规定有所调整，主要是采用了行业标准《建筑隔震工程施工与验收规程》JGJ 360—2015 中对阻尼器力学性能、疲劳性能、密闭性能及其实验方法的相关规定。考虑与施工及验收规程的一致性，去掉了疲劳试验中关于滞回曲线阻尼力及位移的误差要求。试验中阻尼系数、阻尼指数是通过试验点落入本标准图 B.0.2-1 曲线中间接评价的。

5.6　黏弹性消能器

5.6.1～5.6.9　黏弹性消能器一般是由黏弹性材料和约束钢板或圆(方形或矩形)缸筒等组成，利用黏弹性材料间产生的剪切或拉压滞回变形来耗散能量的减震装置。其力学性能受黏弹性材料的材质、加载速度及温度影响比较大。同一试件如需进行 2 个及以上项目的试验，在试件未发生破坏的基础上，相邻工况之间需有足够的时间间隔，以保证黏弹性耗能器力学性能得到有效恢复。黏弹性耗能器的破坏以黏弹性材料与约束钢构件出现剥离现象或耗能器力学性能出现快速下降或不稳定现象为标志。

Kelvin(开尔文)模型由一个线性弹簧并联一个线性黏壶组成(图 8),可用于描述线性黏弹性阻尼器(滞回曲线示意图见图 5.6.9)的力学行为。弹簧和黏壶分别表征黏弹性材料的弹性和黏性部分。这种抽象模型符合其物理特征,基本上能够准确呈现线性黏弹性阻尼器的主要力学特征。

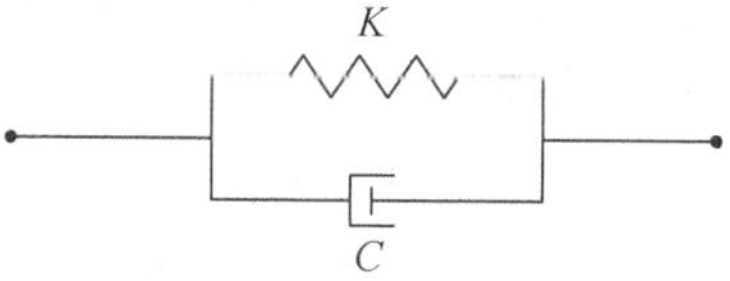

图 8　Kelvin 模型

5.7　产品检验与力学性能参数确定

5.7.1～5.7.7　在地震作用下消能器应充分发挥其耗能效果,为确保消能减震结构的安全性,消能器的性能参数应进行严格检验。检验应按产品质量监督抽查管理办法执行,对检验批次的消能器进行随机抽样方式确定检测试件,如有一件抽样试件的一项性能不合格,则该次抽样检验为不合格。

消能器产品的抽检或见证检验应由第三方完成。第三方检验机构应具有相应的消能器检测资质和试验加载设备。第三方检验机构根据消能器的性能要求,依据本标准和设计文件,采用合理的连接和加载形式对消能器的性能进行检验,按本标准相关类型消能器力学性能要求给出每个抽检消能器的力学性能指标、曲线及质量评价,以方便消能减震设计方参考。

对于可重复利用的黏滞消能器,抽检数量宜适当增多,抽检的消能器在各项性能参数都能满足设计要求时,抽检后可应用于主体结构;对于金属消能器、黏弹性消能器和屈曲约束支撑等抽检后不能继续使用的消能器，在同一类型中抽检数量不少于 2 个，抽检合格率应为 100%。产品检测合格率未达到 100%，应在该批次的消能器中进行加倍抽检；检测合格率仍未达到 100%，则该批次的消能器不应在工程中使用。

对于黏滞消能器，由于目前在国内外实际工程中应用得比较多，并且黏滞消能器的密封性能是影响其性能参数的关键问题，黏滞消能器主要给主体结构提供附加阻尼比，并不提供附加静力刚度，一旦消能器出现漏油或密封问题时，对结构的安全性会造成较大的影响。基于安全考虑，黏滞消能器出厂前应对所有产品进行常规力学试验自检（检测项目可以与减震设计方、消能器使用方协商确定），且给出每个产品的试验曲线，对于不合格产品不得出厂。在生产商自检合格产品中随机抽取至第三方进行力学测试的数量为 20%。对于甲类建筑使用的消能器，第三方抽检数量应有所增加，具体数量应由减震设计方、消能器使用方根据消能器减震作用重要性协商确定。本标准考虑到国际上黏滞消能器、黏弹性消能器力学性能试验相关规定，把大部分受检产品在设计速度下加载 30 圈试验要求降为 10 圈，保留了较小部分受检产品为 30 圈的要求。设计速度基本上就是消能器发挥最大消能作用的最大速度，在这种速度下连续加载 30 圈试验后，该两种消能器温度将会升高很多，黏滞介质的物理化学性能可能已经发生较大变化，密封圈可能也磨损很大，试验后该消能器不宜作为出厂产品继续使用。考虑到黏滞和黏弹性消能器为机械加工制作，较容易控制生产质量，设计速度下的 10 圈疲劳试验基本能反映消能器的质量情况。

对于位移相关型消能器，布置于结构层间抵抗地震响应，一般认为其抗力仅与消能器两端的相对位移有关，与激振速度、频率无关，主要考虑到建筑的地震响应速度、频率还是属于低频范围。但日本学者通过对金属消能器在不同加载频率下的滞回性能研究，发现金属消能器特别是低屈服点钢制作的消能器在不同加载频率下其滞回性能会出现一定的变化。因此，位移相关型消能器在抽检过程中也应考虑加载速度影响。鉴于目前国内检测设备的实际状况，检测速度要求可参考现行国家标准《金属材料 拉伸试验方法　第1部分：室温试验方法》GB/T 228.1执行。金属屈服后的滞回特性与其被重复加载或卸载的弹塑性变形状态密切相关，单调拉伸试验确定位移相关性消能器的屈服点力学性能是不合适的，应考虑重复加载导致其力学特性的变化。

鉴于目前国内尚未就各类消能器产品进行标准化，阻尼力大小、行程等指标是结构工程师根据主体结构减震需求而定，每个项目甚至一个项目中出现多种规格的消能器，还有的项目设计了很大阻尼力的消能器，这些情况给消能器产品的可靠性带来潜在风险，为此设计方、使用方、产品供应方宜联合对特大阻尼力类消能器产品进行见证检验。

6 消能减震结构设计

6.1 一般规定

6.1.1 对于平面规则并且无大开洞的楼板消能减震结构，可采用现行国家标准《建筑抗震设计规范》GB 50011 中规定的刚性隔板假定。但对于复杂的结构，采用刚性隔板假定时，可能会使消能器消能能力超过实际能力，从而高估了消能器的作用，为此，需考虑采用弹性楼板模型对消能减震结构进行分析。当采用 FNA 方法时，消能器等效刚度取值应与相应消能器变形状态相一致，组合模态数量应保证模态质量系数大于 99%。

6.1.2 在双向地震作用时，消能器都要发挥作用，通过支撑同时向双向交叉布置消能部件的柱附加荷载。因此，双向交叉布置消能部件相连的柱，交叉支撑对柱产生的外荷载要重点考虑。

6.1.3 在结构中设置消能部件可以增加结构有效阻尼，能减小结构地震反应是公认的事实。随着消能减震技术的发展，为了适应我国经济发展的需要，可利用消能减震技术来减轻结构的地震灾害，从而也推动高烈度区高层建筑的发展。结构中布置消能器后形成消能减震支撑结构体系，当消能器在结构中的布置满足钢支撑在不同结构中的要求时，其形成的消能减震高层建筑结构的最大适用高度，可按现行国家标准《建筑抗震设计规范》GB 50011 中钢支撑结构体系要求取值。如果消能减震结构与满足抗震设防烈度要求设计的非消能减震结构水平地震影响系数之比接近于 0.5，其最大适用高度可按降 1 度要求考虑，但还应进行专门的研究。

消能减震结构采用屈曲约束支撑时，当屈曲约束支撑的布置满足现行国家标准《建筑抗震设计规范》GB 50011 中钢支撑布置的要求时，其建筑适用的最大高度可采用钢支撑建筑要求取值。

6.1.4 已有的研究成果表明，消能减震结构中，与消能部件相连的柱（墙）和梁所承受的作用不仅包括地震作用部分，还包括与该柱（墙）和梁相连的消能部件传至连接节点的作用。这样，在地震作用下，虽然消能减震结构能减小结构地震作用下反应，但是消能子结构由于消能部件产生附加作用可能比较大，从而增加与消能部件相连的柱（墙）和梁的作用，设计时应考虑与消能部件相连的主体结构构件（主要是消能子结构构件）由于消能部件附加作用的影响。

6.2 消能部件布置原则

6.2.1，6.2.2 消能器一般是和支撑（支承构件）一起布置在结构中，支撑（支承构件）和消能器构成消能部件。常见的布置形式有单斜撑、"V"字形撑、"人"字形撑等，概念设计阶段应根据消能器的类型、构造及原结构空间使用、建筑设计、施工和检修要求选择消能部件的类型。

抗震结构体系要求受力明确、传力途径合理、传力路线连续，消能部件的布置应使结构形成均匀合理的受力体系，减少不规则性，提高整体结构的消能能力。

消能器的布置以使结构平面两个主轴方向动力特性相近或沿竖向刚度均匀为原则。对于规则结构，平面上可在两个主轴方向上分别采用对称布置，并且使结构竖向刚度均匀。对于结构平面两个主轴动力特性相差较大时，可根据需要分别在两个主轴方向布置，也可只在较弱的一个主轴方向布置，这时结构设计时应只考虑单个方向的消能作用。对于结构沿竖向存在薄弱层可优先在薄弱层布置，然后再考虑沿竖向布置。

层间布置的消能器一般通过水平向层间位移消能，当结构变形中弯曲变形所占比重很大时，用层间变形量大小来控制层间消能器抗力大小，往往计算的减震效果不理想，这时应通过比较各层有害位移量大小来控制层间消能器抗力分布。

对于存在抗震墙的结构，可以在连梁位置布置通过竖向变形消能的金属剪切板类型消能器，往往能取得较好的减震效果。

消能减震结构中主体结构永远都应在抵抗地震作用中起主导作用，应避免超量配置消能部件。当需求附加有效阻尼比超过25%，或是大震下消能部件承担的地震作用超过主体结构的层间屈服剪力的60%时，减震的效率就不理想，这时应考虑采用常规方法加强主体结构，增强主体结构本身的抗震能力。一般考虑消能作用减轻地震作用的效果不应超过1度。

对于多层框架结构，可假设基本烈度下主体结构基本为弹性，通过比较式(2)获得需求附加有效阻尼比：

$$\frac{\Delta_{1,\max}}{\Delta_{0,\max}}=\frac{\alpha_{\zeta_d+\zeta_0}}{\alpha_{\zeta_0}} \tag{2}$$

式中：$\Delta_{0,\max}$—— 未设置消能部件或待加固结构的最大层间位移；

$\Delta_{1,\max}$—— 增设了消能部件的减震结构预设的最大目标层间位移；

ζ_d—— 增设了消能部件的减震结构需求的附加阻尼比；

α_{ζ_0}——本标准第3.1.6条中结构阻尼比为ζ_0时对应的未设置消能部件或待加固结构第一平动周期的地震影响系数；

$\alpha_{\zeta_d+\zeta_0}$—— 为增加了附加有效阻尼比ζ_d后对应的消能减震结构第一平动周期的地震影响系数。

这时可按式(3)估算层间需求阻尼力初始值：

$$F_{di}=(4\sim 6)\zeta_d Q_i\left(\Delta_i/\sum_{k=j_1}^{N_1}\frac{\Delta_k}{N_1}\right) \tag{3}$$

式中：F_{di}—— 第 i 层计算需要配置的总阻尼力(kN)；

Q_i—— 设防地震下未设置消能器结构或待加固结构第 i 层层间剪力；

Δ_i—— 设防地震下未设置消能器结构或待加固结构第 i 层层间位移；

N_1—— 安装消能部件的总楼层数；

j_1—— 安装消能部件的起始楼层号。

当配置的期望阻尼力不满足减震结构的性能要求时，可通过降低或提高层间阻尼力，修正消能器性能控制参数，经过几次试算后选定每层合适消能器参数及支承刚度。

6.3 消能部件设计与减震效果评价

6.3.1 消能部件的支撑刚度直接影响消能器工作状态，当消能减震结构是用商用设计软件建立三维模型时，建议支撑按设计截面、实际位置在模型中用相应单元表达，以较精确计算消能部件的消能作用，同时也可以随时了解消能器在各不同强度地震激励下的工作状态，以便合理选择支撑刚度。

支撑刚度宜取式(6.3.1-1)、式(6.3.1-2)估算的较大值。

6.3.2 多遇地震和设防地震下采用时程分析法时，可假定主体结构处于弹性状态，本标准给出了两个估算消能部件导致的附加有效阻尼比计算方法。

1) 方法 1

公式(6.3.2-1)是单自由度体系输入共振正弦波得到，公式中乘以小于 1 的系数 η_1，是考虑到实际结构地震响应并不是单自由度体系响应，输入的也不是正弦波而是不规则的随机波，阻尼器也不可能沿建筑高度均匀变化布置，当第 1 振型参与质量系数不占 90%以上时，地震响应下的附加有效阻尼比将被严重高估；这与消能器的类别无关。多遇地震下消能器行程通常很小，对于黏滞消能器的消能计算应考虑消能器的初始刚度、实际存在的连接间隙的影响，以及考虑到地震运动的随机性，附加有效阻尼比只能取阻尼比计算值的 70%。

消能减震结构在水平地震作用下的总应变能可按公式(4)或公式(5)估算：

$$W_s = \frac{1}{2}\sum_{i=1}^{n}(F_i \times u_i) = \frac{1}{2}\sum_{i=1}^{n}(M_i \times |\ddot{u}_i(t) + \ddot{u}_g(t)|_{\max} \times |u_i(t)|_{\max}) \tag{4}$$

对于多层框架类结构(剪切变形为主)：

$$W_s = \frac{1}{2}\sum_{i=1}^{n}(F_i \times u_i) = \frac{1}{2}\sum_{i=1}^{n}(|Q_i(t)|_{\max} \times |\Delta_i(t)|_{\max}) \tag{5}$$

式中： M_i——消能减震结构第 i 层的质量；

$u_i(t)$——减震结构第 i 层质心 t 时刻相对于地面的位移计算值；

$\ddot{u}_i(t)$——减震结构第 i 层质心 t 时刻相对于地面的加速度计算值；

$\ddot{u}_g(t)$——t 时刻输入的地面加速度值；

$|Q_i(t)|_{\max}$——减震结构整个计算时程中获得的第 i 层层间剪力计算值的最大绝对值；

$|\Delta_i(t)|_{\max}$——减震结构整个计算时程中获得的第 i 层层间位移计算值的最大绝对值；

n——减震结构计算层数。

2）方法 2

根据消能支撑累积耗能、本体结构模态累积耗能估计出附加

有效阻尼比 ζ_d。设 n 层建筑消能体系在地震作用下的能量方程如公式(6)式所示。

$$\sum_{i=1}^{n} m_i \int_0^t \ddot{x}_i \dot{x}_i \mathrm{d}t + c\sum_{i=1}^{n}\int_0^t \dot{x}_i \dot{x}_i \mathrm{d}t + \sum_{i=1}^{n}\int_0^t f_{si}\dot{x}_i \mathrm{d}t + \sum_{i=1}^{n1}\int_0^t f_{di}\dot{x}_i \mathrm{d}t = -\sum_{i=1}^{n} m_i \int_0^t \ddot{x}_g \dot{x}_i \mathrm{d}t \tag{6}$$

式中:n_1——为装有阻尼器的层数。

公式(6)可简写成公式(7):

$$E_k + E_c + E_h + E_e + E_d = E_{in} \tag{7}$$

式中:E_k—— 分别为结构动能;

E_c—— 结构固有模态阻尼耗能;

E_h—— 结构构件的滞回耗能;

E_e—— 结构弹性应变能;

E_d—— 结构中的消能器耗能;

E_{in} ——地震输入能量。

其中 E_h、E_e 来自 $\sum_{i=1}^{n}\int_0^t f_{si}\dot{x}_i \mathrm{d}t$ 项。

将消能器的消能作用通过能量等效原则转换为有效线性黏滞力做功,即公式(8)成立:

$$E_d = E_a \Leftrightarrow f_d(x, \dot{x}) = c_a(t)\dot{x} \tag{8}$$

式中:E_a ——为附加有效阻尼耗能。

这里消能器耗能的等价效果是假定存在一个等效黏滞阻尼力,其物理特性与结构的线性模态阻尼力类同,它是时间历程函数,阻尼器耗能由公式(9)计算:

$$E_a = \int_0^t c_a(x, \dot{x}, t)\dot{x}\dot{x}\mathrm{d}t \tag{9}$$

阻尼系数矩阵 $c_a(x, \dot{x}, t)$ 为有效黏滞阻尼系数。当消能器具有非线性行为时，一般应是消能器相对位移、相对速度的函数。

当考察减震结构在某条地震时程输入下结构弹性状态响应，一般可认为主体结构固有阻尼比为常数，记为 ζ_0，消能器工作附加给结构的有效阻尼比记为 $\zeta_d(t)$，简单起见可认为它仅是时间的函数。因为阻尼比计算公式中结构势能对于 ζ_0 与 $\zeta_a(t)$ 均是一样的，故公式(10)存在：

$$\frac{\zeta_a}{\zeta_0}=\frac{E_a}{E_c}=\frac{E_d}{E_c}\Rightarrow\zeta_d(t)=\zeta_0\times\frac{E_d(t)}{E_c(t)} \tag{10}$$

当消能器耗散的能量和结构固有模态阻尼耗散的累积能量函数已知时，可以根据结构固有模态阻尼的大小确定消能器带给体系的附加有效阻尼比。显然，由公式(10)计算得到的附加有效阻尼比是时间 t 的函数。式(10)看似繁琐，实际上，对于大多数有限元工程应用软件而言，如 SAP2000、ETABS、SNAP 都可以在时程分析的后处理中调取消能器耗散的能量和结构模态阻尼耗散的累积能量曲线，这就给 $\zeta_d(t)$ 的计算带来了便利。

图 9 是典型的能量曲线，把图中两条曲线的数据读出，可以绘出 $\zeta_d(t)$ 曲线如图 10 所示。图 11 是相应的地震动输入时程。一般可在图 10 中的时间坐标 5 s～30 s 中取最大值略打折扣作为计算附加阻尼比，取 8%可以认为是合适的。

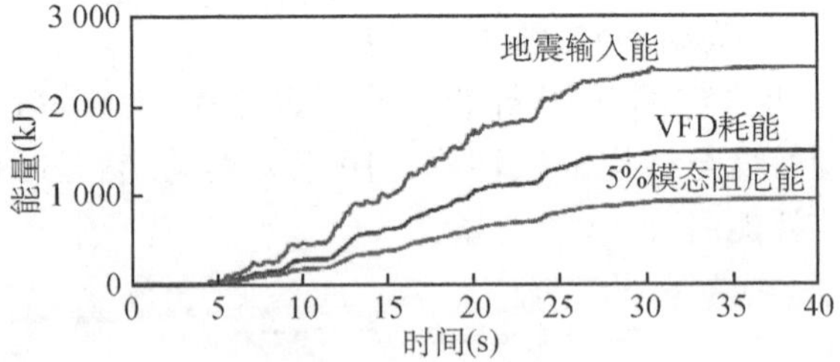

图 9　累积能量曲线

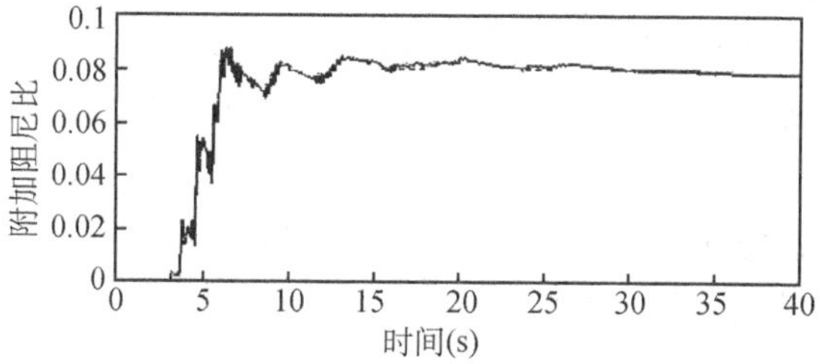

图 10　计算附加阻尼比曲线 $\zeta_d(t)$

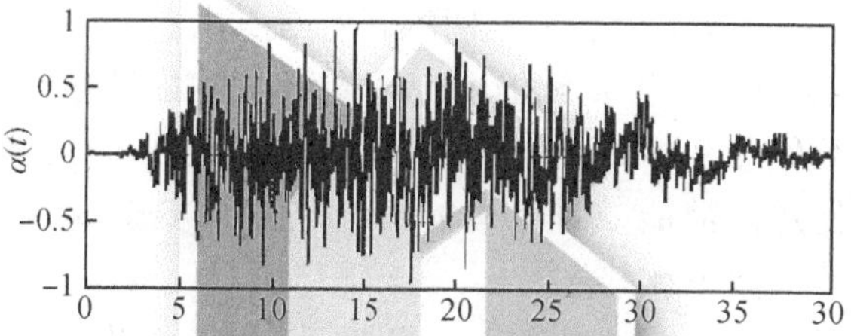

图 11　输入时程

6.3.3　对于消能减震结构，无法预先估计主体结构在加入消能部件后的最终变形情况，只能是预先假设一个阻尼比，将消能部件布置于结构中，并调整消能器的数量和位置，再对消能减震结构进行计算，反复算出消能器在相应的阻尼比情况下的位移，通过消能器的恢复力模型和相应的公式求解消能减震结构的附加阻尼比，并反复迭代，使计算出的附加阻尼比与预先假设的阻尼比接近时，则计算结束。

采用附加阻尼比的迭代方法计算步骤如下：

1　假定各个消能器的设计参数和消能减震结构的总阻尼比 ζ。

2　将消能减震结构的总阻尼比和各个消能器的设计参数代入分析模型中，根据现行上海市工程建设规范《建筑抗震设计规程》DGJ 08—9 的规定，采用振型分解反应谱法进行结构分析。

3 经结构分析可得第 i 楼层的水平剪力、水平地震作用标准值的位移及第 j 个消能器的阻尼力及相对位移。

4 由式(6.3.2-1)～式(6.3.2-4)计算消能器附加给结构的有效阻尼比。

5 重新修正各个消能器的设计参数，并利用式(11)计算消能减震结构的总阻尼比 ζ：

$$\zeta = \zeta_0 + \zeta_d \tag{11}$$

式中：ζ_0—— 主体结构阻尼比；

ζ_d—— 消能器附加给结构的有效阻尼比。

6 将步骤 5 计算得到的消能减震结构的总阻尼比和各个消能器的参数作为初始假设值，重复步骤 2～步骤 5。反复迭代，直至步骤 2 使用的消能减震结构的总阻尼比与步骤 5 计算得到的消能结构的总阻尼比接近。

鉴于阻尼比计算本身存在近似性，研究人员提出了可用于附加阻尼比验算的另一种近似方法——等效对比法。其做法是：在一个加设阻尼器的计算模型(此模型已满足小震和大震下的计算要求，但未核算附加阻尼比)与一组未加设阻尼器但采用不同阻尼比(如：0.05，0.15，0.30，0.35，0.40 等)的计算模型上分别施加同样的时程函数进行设防地震下计算，之后对结构的反应(如结构位移或基底剪力)进行计算结果对比，进而找到与附加阻尼器结构反应最为接近的某阻尼比反应，以此阻尼比减去 0.05 后的数值作为加设阻尼器结构的附加阻尼比；当附加阻尼比超过 25％时，宜按附加阻尼比为 25％时计算结果控制结构构件内力及配筋。此方法具有较好的可靠性，既可避开操作难度较大的规范计算法，也可便于对附加阻尼比超过 25％时结构构件的内力及配筋进行调整，故可作为增设黏滞阻尼器结构附加阻尼比验算和控制的另一个可选用的方法。

6.3.4 消能减震结构的计算分析可根据主体结构所处的状态采

用不同的分析方法。当主体结构基本处于弹性工作阶段时，可采用线性分析方法作简化计算，并根据结构的变形特征和高度等采用振型分解反应谱法和时程分析法。当主体结构进入弹塑性阶段时，应采用静力弹塑性分析方法或非线性时程分析方法。振型分解反应谱法是目前国内结构设计时采用较多的分析方法，但是为了较精确模拟消能器非线性特征，对于消能减震结构还是采用时程分析方法较为可靠和准确。鉴于不同地震波输入进行时程分析的结果存在一定的差异，现行国家标准《建筑抗震设计规范》GB 50011 中规定，一般可以根据小样本容量下(不小于 2 组实际记录和 1 组人工模拟的加速度时程曲线作为输入)的计算结果来估计结构地震作用效应值，也可以采用较大样本容量(不少于5 组实际记录和 2 组人工模拟时程曲线作为输入)的计算结果来估计。如果 3 条地震记录能满足现行国家标准《建筑抗震设计规范》GB 50011 中规定的“在统计意义上相符”要求，则 3 条地震记录输入计算出结构的地震作用效应不会偏差太大。为了使设计出的结构更为安全，则选用 3 条地震记录时程曲线输入计算出结构地震反应的包络值反算消能器附加阻尼比。当取 7 组及 7 组以上的地震记录时程曲线输入时，计算出结构的地震作用效应的保证率更高。选用 7 组及 7 组以上的地震记录时程作输入，计算出每组时程下附加有效阻尼比，然后取其平均值作为最后的附加有效阻尼比估计值。

输入时程宜用现行上海市工程建设规范《建筑抗震设计规程》DGJ 08—9 附录中的地震时程。

6.3.5 静力非线性分析方法是一种静力的分析方法，是在结构计算模型上施加按某种规则分布的水平侧向力，单调加载并逐级加大；一旦有构件开裂(或屈服)即修改其刚度(或使其退出工作)，进而修改结构总刚度矩阵，进行下一步计算，依次循环直至结构达到预定的状态(成为机构、位移超限或达到目标位移)，从而判断是否满足相应的抗震能力要求。

消能器产生减震效果主要体现在消能器的滞回耗能上，消能器需要产生往复位移或速度起作用。然而，静力非线性分析过程中对于黏滞消能器无法直接体现出消能器的作用，以直接得出消能器附加结构的阻尼比。为了使静力非线性分析方法能够体现出黏滞消能器的作用，对于黏滞消能器的附加阻尼需要进行多次迭代。位移相关型消能器的模拟，可以直接设置相应的杆端具有屈服铰的等效杆件代替消能器的非线性特征。

消能减震结构中，消能器提供的附加阻尼比是反应消能器减震效果的主要指标。消能器提供的附加有效阻尼比若按式(6.3.2-1)计算，计算阻尼比的折减系数 η_1 建议取 0.7。消能减震结构中消能器在多遇地震、设防地震和罕遇地震作用时提供的阻尼比皆不会相同。为此，消能器附加给结构的阻尼比应由各阶段抗震分析实际计算得到，而不能采用预估值。其主要步骤为：

1 分别确定消能减震结构的主体结构截面、消能部件的非线性恢复模型及消能部件等替代单元的塑性铰特性等。

2 对消能减震结构进行非线性全过程静力分析，得到结构参考点水平侧移与结构底部总水平剪力的关系曲线。

3 根据计算出消能减震结构的位移，计算消能减震结构的有效阻尼比，包括主体结构弹塑性变形耗能附加的有效阻尼比和消能器给主体结构附加的阻尼比。

4 将多自由度消能减震结构等效为一个等价的单自由度体系，分别计算等价单自由度体系的能力曲线和反应曲线。

5 图解等价单自由度体系的目标位移。

6 将此位移转化成多自由度消能减震结构各层的层间位移。

6.4 结构设计

6.4.1 主体结构中的非消能子结构构件的强度和截面验算，应依据本标准第 4 章求得的内力按现行上海市工程建设规范《建筑抗震设计规程》DGJ 08—9 中对不同类型建筑结构规定的公式计算。由于消能减震结构中附加刚度和附加阻尼相比于主体结构存在一定的变化，为此，计算地震作用效应时应考虑消能器附加刚度和附加阻尼的影响，并应考虑本标准第 6.3.6 条中规定的要求。对于阻尼指数小于 1.0 的非线性黏滞消能器减震结构，当模型中所取连接单元刚度很大时，多遇地震下计算得到的附加有效阻尼比往往大于设防地震下的计算值。金属消能器在多遇地震下耗能很少或基本不耗能，这导致多遇地震下的附加有效阻尼比很小或没有。实际上多遇地震下抗震验算是为保证设防地震、罕遇地震下结构的安全，因为按两阶段设计，罕遇地震下是验算结构弹塑性变形状态，消能器的附加有效阻尼比在计算中并不显示出现；而设防地震作用下结构损伤不大，结构可以近似作为弹性体，这时的附加有效阻尼比如果与常遇地震下相差过大是不合适的。故本条规定减震结构多遇地震下构件内力计算可考虑设防烈度下的计算附加有效阻尼比影响。

6.4.2 消能子结构中非消能部件的梁、柱和墙在此作为重要构件，其地位处于一般构件与关键构件之间，多遇地震下截面验算，可按设防地震下不屈服原则进行。其强度和延性等级应该高于主体结构的一般构件，即罕遇地震下这些构件的损伤程度不应重于中等程度，应保证结构的整体薄弱部位不出现在消能子结构内。

有限元模型应该比较精确模拟消能器在非消能方向上对子框架的刚度和强度贡献，尤其应注意其不利作用。消能器在地震作用下往复作用时，消能器产生的水平阻尼力会通过连接板传递到与其相连的框架梁(端)、柱(端)上，导致框架梁除承受竖向荷载作用外，还要承受消能器附加的水平阻尼力和附加剪力，尤其是采用墙式支撑水平剪切型消能器时，与支承墙连接的梁在靠近柱边会出现截面突然变小，这段小截面梁段是一个薄弱段，受力复杂，其强度是保证消能支撑有效工作的关键。

为了确保消能减震结构在罕遇地震作用下不发生倒塌，消能减震结构需要保证在主体结构达到极限承载力前，消能部件不能产生失稳或节点板破坏。为了保证消能部件的安全，其连接节点和构件都应进行罕遇地震作用下消能器引起的附加外荷载作用下的截面验算。

6.4.3 消能减震结构的层间位移角限值应与现行国家标准《建筑抗震设计规范》GB 50011 保持一致，但又要体现出消能减震技术提高结构抗震能力的优势，消能减震结构的层间位移角限值宜比不设置消能减震的结构适当减小，从而更容易实现基于性能抗震设计要求。

6.4.4 对于消能减震混凝土建筑中的主体结构由于消能部件附加的阻尼比使得结构的地震反应降低，构件的截面尺寸可能会有所减小，主体结构的抗震等级是根据设防烈度、结构类型、房屋高度进行区分的，主体结构应采用对应结构体系的计算和构造措施，抗震等级的高低，体现了对结构抗震性能要求的严格程度。为此，对于消能减震混凝土结构的主体结构抗震等级，应根据其自身的特点，按相应的规范和规程取值。当消能减震结构的减震效果比较明显时，主体结构的构造措施可适当降低。即当消能减震的地震影响系数靠近非消能减震的 50%且层间位移角计算值小于规程限值的 80%时，主体结构的构造措施可考虑降低 1 度执行。也可根据结构的弹塑性层间位移角、构件的塑性铰、构件应变分布评估结构的性能特征，确定构造措施的应对策略。

6.4.5 消能减震结构中消能部件与结构构件进行连接，会传递给构件较大的阻尼力时，为了保证钢筋混凝土结构构件在消能部件附加的外力作用下不至于发生损坏失去传力能力，需要在与消能部件连接的部位进行箍筋加密，并且加密区长度要延伸到连接板以外的位置。一般梁、柱构件宜全长范围进行箍筋加密。

7 消能器和结构的连接与构造

7.1 一般规定

7.1.1,7.1.2 消能器与主体结构的连接,根据消能器的不同,可采用不同的连接形式(图 12)。“K”字形支撑布置时会在框架柱中部交点处给柱带来侧向集中力的不利作用,在地震作用下,可能因受压斜杆屈曲或受拉斜杆屈服,引起较大的侧向变形,使柱发生屈曲甚至造成倒塌,故不宜采用“K”字形布置。

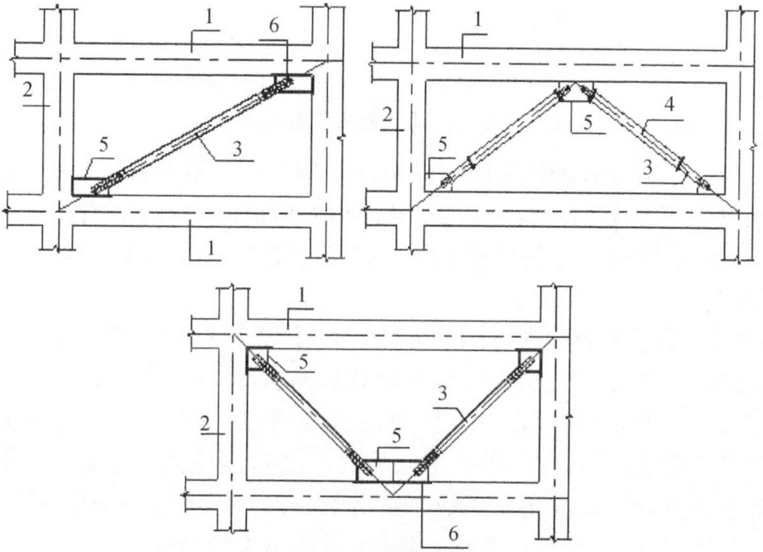

(a) 斜撑型

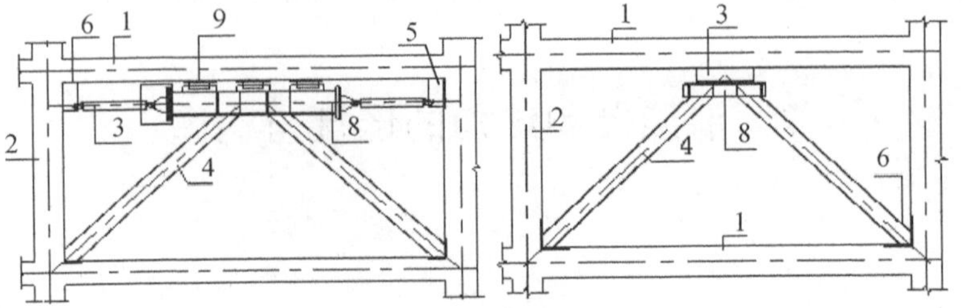

(b) 门架型

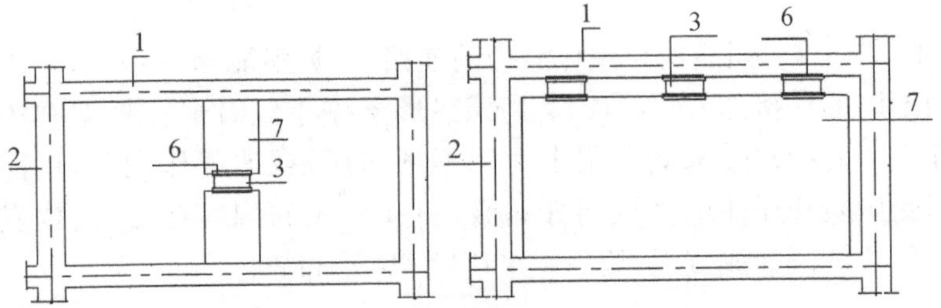

(c) 墙柱型

1—梁；2—柱；3—消能器；4—支撑；5—节点板；6—预埋板；
7—支墩或剪力墙；8—水平平台；9—平面外限位装置

图 12 消能器布置形式

支撑斜杆宜采用双轴对称截面。当采用单轴对称截面(双角钢组合 T 形截面)，应采取防止绕对称轴屈曲的构造措施。板件局部失稳影响支撑斜杆的承载力和消能能力，其宽厚比需要加以限制。

7.1.3 本条内容同现行国家标准《钢结构设计标准》GB 50017 有关条文。连接板(或连接件)和结构构件间的连接采用高强螺栓连接或焊接，当采用螺栓连接时，应保证相连节点在罕遇地震下不发生滑移；当消能器的阻尼力较大时，宜采用刚接；与消能器相连的支撑应保证在消能器最大输出阻尼力作用下处于弹性状态，不发生平面内、外整体失稳，同时与主体相连的预埋件、节点板等也应处于弹性状态，不得发生滑移、拔出和局部失稳等破坏。与支撑相连接的节点承载力应大于支撑的极限承载力，以保证节点足以承受罕遇地震下可能产生的最大内力。消能器与连接支撑、主体结构之间的连接节点，应符合钢构件连接、钢与混凝土构件连接或钢与钢-混凝土组合构件连接的构造要求。

7.1.4 消能部件一般情况下属非承重构件，其功能仅在结构变形过程中发挥耗能作用，而不承担结构的竖向承载作用，即增设消能器不改变主体结构的竖向受力体系。因此，无论是新建消能减震结构还是既有建筑的抗震加固主体结构都必须满足竖向承载力的要求。与消能器相连的支撑应具有足够刚度，以保证消能部件中的变形绝大部分发生在消能器上，消能器支撑的刚度应根据计算确定。节点板在支撑力（考虑附加弯矩）作用下，除具有足够的承载力和刚度外，还应防止其发生面外失稳破坏，一般可采用增加节点板厚度或设置加劲肋的措施。

以往对于消能减震结构分析时，一般将消能器视为单方向的消能，亦即沿着框架的平面方向消能，相关研究皆是以平面框架（二维构架）装设消能器来探讨消能减震结构在地震作用下的反应。由于应用平面框架的概念，对于消能器出平面的方向皆视为不受地震力作用而忽视消能器出平面的力学特性。然而，由于建筑结构体系的复杂及不规则以及应用平面框架理论有其条件的限制，建筑结构大部分已经不再适用平面框架的理论，加上近年来结构分析技术的进步，目前皆是以三维空间构架来做结构分析设计。因此，在三维空间结构分析时，消能器不仅需考虑框架平面内的力学特性，亦需考虑消能器在框架平面外的力学特性。同时由于附加支撑在消能器的阻尼力作用下，常产生轴压变形，在设计附加支撑时经常只考虑附加支撑平面内的刚度，来保证消能器的大变形而忽略了附加支撑的平面外刚度，导致附加支撑在地震作用时平面外屈曲支撑破坏，使消能器不能发挥其应有的耗能效果。因此，需要保证附加支撑在轴力作用下的平面外刚度。

当使用无静力刚度黏滞消能器，且采用“人”字形支撑时，可同时考虑与橡胶支座的合理组合，通过橡胶支座或其他提供平面刚度装置给支撑提供一定的平面外刚度，以保持支撑平面外的稳定，如图 13 所示。而位移相关型消能器都能提供两个方面的水平刚度，为此，可利用消能器自身的性能使其满足支撑平面外稳定性要求。

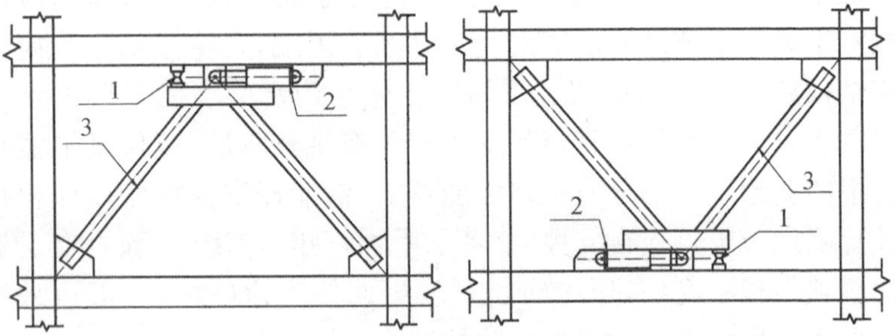

1—平面外限位装置；2—消能器；3—支撑

图 13　消能器安装立面图

7.1.5　由于消能支撑常采用连接板与主体结构相连，从现有的混凝土钢支撑结构和钢结构的支撑破坏情况发现，在地震中常出现连接钢板部分发生互不相同平面外的失稳，导致梁发生大的扭转变形并使钢筋混凝土剥落，使消能器不能产生相对位移，从而不能发挥相应的耗能效果。

7.1.6　与消能部件相连接的连接件应满足消能器在最大输出阻尼力作用下仍处于弹性状态，从而保证消能器在罕遇地震作用下能发挥最大的消能功能。

7.2　预埋件计算

7.2.1　预埋件的构造形式应根据受力性能和施工条件确定，力求构造简单、传力直接。预埋件可分为受力预埋件与构造预埋件两种，均由两部分组成：埋设在混凝土中的锚筋和外露在混凝土表面部分的锚板。锚筋和锚板都应采用可焊性良好的结构钢。锚筋常用钢筋，对于受力较大的预埋件常采用角钢。对于L型预埋板相互垂直方向的预埋板承担的内力，宜按支撑角度分解轴向力获取。

7.3 支撑和支墩、剪力墙计算

7.3.2 支撑的计算长度取值遵循如下原则：计算支撑的轴向刚度时，计算长度取其净长；计算平面内、外失稳时，计算长度应取支撑与消能器的长度总和。用刚性剪力墙作连接支撑，连接剪力墙的梁与柱之间梁段变成了类似连梁受力特征，应充分考虑其强度和刚度要求对保证剪力墙功能的重要性。

7.5 消能器与结构连接的构造要求

7.5.1 连接阻尼器与结构构件的预埋件是保证可靠传力的重要部件，故提出较高的要求。新建消能减震结构预埋件部位的箍筋必须加密，加密区长度按相关标准的规定取值，加密范围一般不小于埋件长度加两侧外延各不小于500 mm的范围，加密范围内的箍筋间距不宜小于100 mm；当预埋件位于梁柱节点区域时，梁、柱端加密区的长度应外延至自预埋件外侧算起的规定长度处。

黏滞阻尼墙作为一种墙式阻尼器，连接节点一般是在上下层的结构梁之间，结构梁可分为钢筋混凝土梁和钢结构梁。钢筋混凝土梁的预埋件为锚筋与预埋钢板牢固连接，预埋件的预埋强度、紧固强度应符合国家其他相应标准的规定。

7.5.2 支撑长细比、宽厚比应符合国家现行标准《钢结构设计标准》GB 50017和现行行业标准《高层民用建筑钢结构技术规程》JGJ 99中有关中心支撑的规定。

8 消能部件的施工、验收和维护

8.1 一般规定

8.1.1 本标准关于消能减震结构的施工、验收和维护的条文规定，是针对国内外消能减震技术工程应用中发展较为成熟且在上海地区使用较多的消能部件，结合混凝土结构、钢结构等类型的新建房屋，总结消能减震结构施工、验收和维护的工程实践经验，吸收日本、美国等国外相关规范和国内有关施工验收标准的先进技术而编制的。

消能减震结构中消能部件是关键部件。由于消能器有多种类型，构造多样，制作和施工安装方法各有特点。消能部件的制作单元一般将现场的安装单元、两个或多个制作单元在工地地面拼装为扩大的安装单元，故制作单元除根据生产、运输条件确定外，还要尽量便于安装连接，以保证安装质量。消能部件及主体结构的施工组织设计或施工安装方案编制是组织消能减震结构施工的重要前期工作，应结合消能部件和主体结构的特点以及结构施工安装组织设计的基本要求编制。新建和既有建筑抗震加固采用消能减震技术，均可参照本标准的有关规定进行设计与施工。

8.1.2 结合消能减震结构的特点，根据现行国家标准《建筑工程施工质量验收统一标准》GB 50300 的有关规定，将消能部件作为上部主体结构分部工程的一个子分部工程进行施工质量管理和竣工验收。虽然消能部件工程主要是钢部件的制作安装施工，但采用消能减震技术的结构材料类型除钢结构外，还有混凝土结构等，而且消能器是一种专门技术部件，具有多种类型和不同的构造特点，其设计呈多样化，安装工种和工序较多，施工工艺和施工技术复杂，同时，消能部件又是涉及安全的重要部件，因此，在消能部件的施工质量管理和竣工验收中，若将其视为几个分项工程并分别归结到主体结构的相应分项工程验收批中，是难以适应质量验收要求的。故本标准提出在主体结构分部工程中，不论主体结构为钢结构、混凝土结构还是其他结构，均将消能部件作为主体结构分部工程的一个子分部工程，以利于施工质量管理和验收。

消能部件子分部工程，根据结构材料和施工方法可分为现浇混凝土结构、装配整体式混凝土结构、钢结构等建筑的消能部件子分部工程，以及抗震加固建筑的消能部件子分部工程。

8.1.3 根据施工方法和主要工序，将消能部件子分部工程的施工作业内容划分为两个阶段。

消能部件子分部工程可按不同施工阶段划分相应的分项工程。其中，消能部件原材料和成品的进场验收，是指进入消能部件各分项工程实施现场的主要原材料、标准件、成品件或其他特殊定制成品（如消能器等）的进场及验收。

消能部件中附加钢构件的制作，可划分为钢零件及钢组件的加工、钢构件组装、组装的焊接连接、紧固件连接、钢构件预拼装、钢构件防腐涂料涂装等六个分项工程。

消能部件的安装和维护，可划分为消能部件安装、螺栓和焊接连接、紧固件连接、消能部件防腐防火涂装等四个分顶工程。其中，安装分项工程的内容包括制定安装次序、吊装进位、测量校正定位及临时固定等工序；涂装分项工程的内容包括安装连接后普通防腐涂料局部补充涂装、防火涂料涂装等工序。

各阶段的施工作业，应根据具体工程设计情况确定其所含的分项工程或工序。

检验批次是分项工程施工质量管理和验收的基本单元，可根据与施工方式一致且便于质量控制的原则划分。消能部件分项工程的检验批，可按主体结构检验批的划分方法确定，例如可按楼层或预制柱节高度范围、施工流水段、变形缝或空间子单元等划分。

8.1.4 消能部件大多为钢材预制部件，消能器虽然不完全是钢材制作，但其外廓或接头为钢制件，因为消能部件在主体结构中的安装精度要求较高，其精度还随主体结构的类型和安装顺序的不同而有所不同。因此，对消能部件的制作尺寸及其他加工质量应严格要求。在消能部件制作过程中或进场前，应对其进行检查，对发现尺寸偏差或其他质量问题，应在加工过程中进行修理，不宜在消能部件到现场安装时才进行质量检查，避免因质量问题而影响施工工期。

8.2 消能部件进场验收

8.2.1～8.2.3 消能器制造通常为一项专门技术，其采用的材料除钢材、焊接材料和紧固件外，还有油、橡胶、涂料及其他黏滞材料，产品的材料品种、规格和性能指标应符合现行行业产品标准《建筑消能消能器》JG/T 209、《建筑消能减震技术规程》JGJ 297、本标准第 5 章的相关要求及设计文件中的规定。产品在进场时各类材料应具有质量合格证。设计人员应核对第三方的力学性能检测报告，对力学参数是否合格进行核查，力学参数合格的才可以进入现场安装。产品证书应标注制作偏差。抽检样品确定可在全部产品到达现场后随机选择，也可在成品运往工地安装前在厂里随机抽取。抽检样品工作应体现公正性。

8.3 消能部件的施工安装顺序

8.3.1 该条既考虑了已有不同类型及构造特点的消能器安装施工，也有利于新型消能器及相关部件的研制、开发和推广应用。消能减震结构施工安装前，应确定结构的各类普通构件和消能部件的总体及局部施工安装顺序，这对施工安装质量有重要影响，应遵循本条规定的要求，以确保施工安装质量。

8.3.2 消能减震钢结构的安装顺序，是根据一般钢结构的安装顺序，并结合消能部件的特点，按现行行业标准《高层民用建筑钢结构技术规程》JGJ 99 的规定综合制定的。采用本条的安装顺序，便于构件的安装进度和测量校正。

消能减震钢结构的安装可采用以下顺序进行：

1 在每层柱所在的高度范围内，应先安装平面内的中部柱，再沿本层柱高从下向上分别进行消能部件、楼层梁吊装连接；然后从中部向四周按上述次序，逐步安装其余柱、消能部件、梁及其他构件，最后安装本层柱高范围内的各层楼梯，并铺设各层楼面板。

2 消能减震钢结构一个施工流水段的柱高度范围的全部消能部件和结构构件安装连接完毕，并验收合格后，方可进行该流水段的上一层柱范围或下一流水段的安装。

3 进行钢构件的涂装和内外墙板施工。

8.3.4 消能减震的现浇混凝土结构施工中，消能部件和各类普通构件的总体安装顺序，应根据结构特点、施工条件等确定。本标准在制定过程中，研究并总结出两种安装方法：消能部件平行安装法和后装法。

消能部件平行安装法的优点是便于消能器的吊装进位和测量校正，各层消能部件和混凝土构件一次施工安装齐备，避免后期补装；缺点是每层施工工种多，存在交叉影响。

消能部件后装法的优点是混凝土构件施工快，不受消能部件安装影响。但混凝土构件浇筑完成后，重量较重或尺寸较长的消能部件吊装会受到楼板、水暖管网、外脚手架、施工安全网等的影响，可能加大安装难度；而且后装法对部件的制作、安装精度要求高，也可能增加难度；后装法的各层消能部件在混凝土构件施工完成后再进行，可能会延长施工工期。

消能减震混凝土结构的后装法可先施工一个或多个结构层的混凝土墙柱和梁板等构件，包括混凝土构件上与消能部件相连的节点预埋件；然后安装消能部件，并与混凝土构件的预埋件连接。当设计中不考虑消能部件的抗风作用时，可在各层混凝土柱、墙、梁、板以及节点预埋件全部施工完毕后，再安装消能部件。

8.3.7，8.3.8 同一部位的消能部件，当仅有消能器时，直接作为安装单元；当还设有附加支撑，或与结构为销栓铰接、球面铰接时，各制作单元及铰接件在现场地面拼装成扩大安装单元后，再与结构进行安装连接。

安装单元与结构的安装连接，精度要求高，连接施工较困难。安装单位应与产品供应商进行技术对接，根据消能器工作原理确定连接预埋件施工精度。非静力承载型消能器宜采用后安装方案。

8.4 施工测量和消能部件的安装、校正

8.4.1 根据目前国内建筑施工测量水平，多高层建筑结构四廓主轴线及标高点施工测量放样的允许偏差应符合表 2 的规定。表中的允许偏差是根据现行国家标准《砌体工程施工质量验收规范》GB 50203 和现行行业标准《高层建筑混凝土结构技术规程》JGJ 3 的有关规定，对外廓主轴线及标高点相对于地面或首层的偏差控制，除控制顶部偏差外，增加了每层相对地面的偏差控制，以避免偏差的积累。

表 2 建筑物施工放线的允许偏差

项目		允许偏差 a(mm)	图 例
外廓主轴线位置的放线偏差	相邻层主轴线的相对位置	3.0	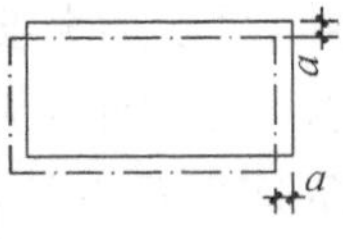
	高 Z 处楼面与首层相对位置		
	$Z \leqslant 30$ m	5.0	
	30 m $< Z \leqslant 60$ m	10.0	
	60 m $< Z \leqslant 90$ m	15.0	
	90 m $< Z \leqslant 120$ m	20.0	
	120 m $< Z \leqslant 150$ m	25.0	
	$Z > 150$ m	30.0	

续表2

项目		允许偏差 a(mm)	图　例
基础及各层外廓主轴线长度 L、B 的放线偏差	$L(B)\leqslant 30$ m 30 m$<L(B)\leqslant 60$ m 60 m$<L(B)\leqslant 90$ m $L(B)>90$ m	±5.0 ±10.0 ±15.0 ±20.0	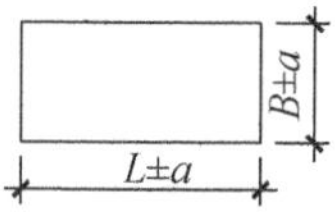
墙、柱、梁及消能部件定位轴线位置的放线偏移		2.0	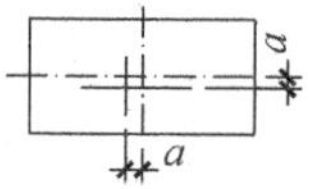
墙、柱、梁及消能部件定位轴线位置的放线偏移		3.0	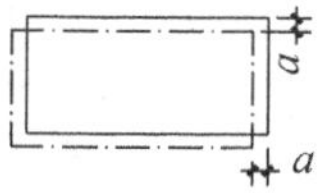
结构层标高点放样偏差	相邻楼层或柱节的相对标高	±3.0	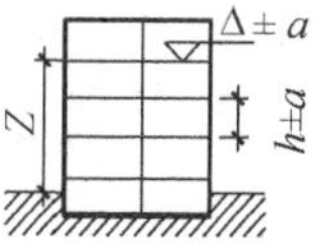
	高 Z 处楼面与地面相对标高 $Z\leqslant 30$ m 30 m$<Z\leqslant 60$ m 60 m$<Z\leqslant 90$ m 90 m$<Z\leqslant 120$ m 120 m$<Z\leqslant 150$ m $Z>150$ m	 ±5.0 ±10.0 ±15.0 ±20.0 ±25.0 ±30.0	

消能减震结构的施工安装及连接完成后，整个结构允许偏差应符合表 3 的规定。

表 3　消能减震结构施工安装的允许偏差

项目	允许偏差 a(mm)		图　例
	多高层混凝土结构	多高层钢结构	
消能部件底板中心线对定位轴线的安装偏移	10.0	5.0	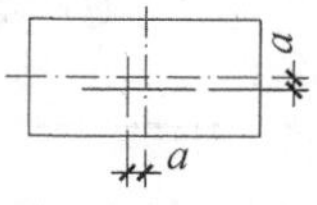

续表3

项目			允许偏差 a(mm)		图例
			多高层混凝土结构	多高层钢结构	
消能器的“人”字形附加支撑的平面外垂直度			10	$h/1\,000$	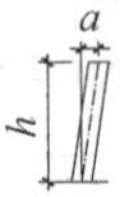
消能部件锚栓位置	锚栓预留孔中心对定位轴线偏移		10.0		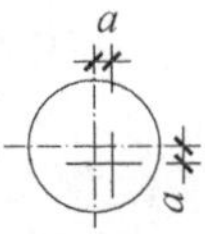
	锚栓中心对定位轴线偏移		2.0		
消能部件底板螺栓孔对底板中心线的偏移			1.5	1.5	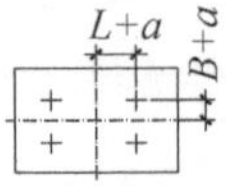
墙柱中心线对定位轴线偏移	底层柱的柱底		5.0	3.0	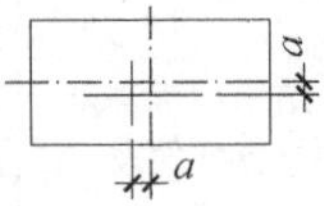
	上部层柱的柱底		5.0	2.0	
梁轴线对定位轴线的偏移			5.0	2.0	
墙柱垂直度	每层或每节柱高	≤5.0 m	8	$h/1\,000$，且不应大于10.0	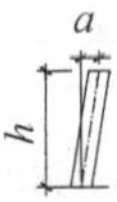
		>5.0 m	10		
	主体结构全高		$H/1\,000$，且不应大于30	$(H/2\,500)+10.0$，且不应大于50	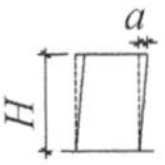
结构标高对标高线偏移	基础上柱底安装标高偏移		±5.0	±2.0	
	每层或每节柱的标高偏移		±10.0	±3.0	

8.5　消能部件安装的焊接和紧固件连接

8.5.2　消能部件采用铰接连接时，连接间隙会影响消能部件的消能性能的发挥。为了减小其对结构减震性能的影响，对采用铰接连接时，消能部件与销栓或球铰等铰接件之间的间隙应作出相应的规定。

8.6　施工安全和施工质量验收

8.6.1　消能减震结构的施工是土建、安装等多工种、多单位的交叉混合施工，应严格遵守国家、行业、企业有关施工安全的技术标准和规定，并根据消能减震结构的施工安装特点，在编制施工组织设计文件时应制定安全施工、消防和环保等措施。

8.6.2,8.6.3　在消能部件子分部工程的质量验收中，为便于该子分部工程有关安全及使用功能的见证取样检测和检验的可操作性，根据现行国家标准《钢结构工程施工质量验收标准》GB 50205，结合消能部件子分部工程的施工安装特点，规定了具体检测项目。

8.7　维　护

8.7.1　为保证消能部件在地震作用下能正常发挥其预定功能，确保建筑结构的安全，并为以后工程应用和标准修订积累经验，业主或房产管理部门等应在建筑结构使用过程中进行维护管理。

本条根据美国《新建房屋抗震设计推荐性规范》FEMA368—2000、日本《被动减震结构设计・施工手册》等文献关于消能减震结构的规定，经综合整理而制定。

定期检查是由物业管理部门对消能部件本身及其与建筑物连接的状况进行的正常检查，其目的是力求尽早发现可能的异常，以避免消能部件不能正常工作。

应急检查是指在发生强震、强风、火灾、洪水等灾害后立即实施的检查，目的是检查确认上述灾害对消能部件性能有无影响。

其中，抽样检测是消能部件的检查方法之一。所谓抽样检测，是指在定期检查或应急检查中，在结构中抽取在役的典型消能器，对其基本性能进行原位测试或实验室测试，目的是反映消能器在使用过程中可能发生的性能参数变化，并推定消能器能否达到设计使用年限等。

8.7.2～8.7.5 消能部件正常维护中，定期目测检查的周期主要根据消能部件中关键部件——消能器的设计使用年限，并参照现有一般结构构件的维护实践经验确定。一般结构构件实际检查周期大致为 10 年～15 年，为结构设计使用年限的 1/5～1/3。在正常使用与正常维护下，不同类型消能器的设计使用年限虽然不同，然而，定期检查的周期以消能器的设计使用年限为基础取其 1/5～1/3，即约为 10 年，应该属于一个较正常的时间间隔。但由于建筑使用的特殊性，进行定期检查时会影响建筑使用。为此，对于金属消能器和屈曲约束支撑等金属材料耗能的消能器，在正常使用情况下可不进行定期检查；黏滞消能器在正常使用情况下一般 10 年或二次装修时应进行目测检查，在达到设计使用年限时应进行抽样检查。

消能部件的应急检查，包括应急目测检查和应急抽样检测，与主结构的应急检查要求是一致的，即在地震及其他外部扰动发生后（如地震、强风、火灾等灾害后），同样应对消能部件实施应急检查。通过应急检查，确认消能器是否超过极限能力或是否受到超过预估的损伤，以判断是否需要修理或更换。另外，即使消能器经检查未遭受到损伤，也要估计其附加支撑、连接件可能受到的影响。虽然消能部件一般是根据其设计使用年限内的累积地震损伤要求来设计制造的，但由于国内外消能减震工程应用实践的时间短，几乎没有大震下的实测性能数据及震害破坏经验，因而进行应急检查是必要的。

9　隔震建筑一般要求

9.1　一般规定

9.1.1　隔震设计指在房屋基础、底部或下部结构与上部结构之间设置由隔震支座和阻尼器装置等部件组成具有整体复位功能的隔震层，以延长整个结构体系的自振周期，减少输入上部结构的水平地震作用，达到预期防震要求。

隔震体系通过设置隔震层延长结构自振周期并增大隔震层阻尼来减少结构的水平地震作用。隔震技术的效果已被国内外震害观测所证实，并有大量的试验和数值分析表明：隔震一般可使结构的水平地震加速度反应与固接结构相比降低60%左右。从而能消除或有效减轻结构和非结构的地震损坏，提高建筑物及其内部设施和人员的地震安全性，增加了震后建筑物继续使用的功能。考虑不同类型隔震支座的发展现状，本章以介绍较为成熟的橡胶隔震支座的隔震技术为主，兼顾介绍了弹性滑板支座和摩擦摆支座的应用。

9.1.2　隔震结构与抗震结构方案的对比，目的是确定隔震设计的水平向减震系数，作为衡量隔震效果的定量指标及隔震上部结构的设计依据。通过对比也能体现隔震设计比抗震设计在提高结构抗震能力上的优势。

9.1.3

1　结构高宽比越大越容易发生倾覆作用，并考虑上海软土场地对隔震结构的不利影响，故提高了隔震结构对高宽比限值的要求。对高宽比较大的隔震结构，需进行整体倾覆验算，防止支座压屈或出现拉应力超过 1 MPa 情况。

2 隔震设计即通过调频和增加阻尼来实现降低整体结构地震响应的目的。对于在建筑场地水平地运动卓越周期较长的Ⅳ类场地土上建造的隔震结构或在Ⅲ类场地土上建造的大高宽比高层隔震建筑而言，通过调频来实现较好的隔震效果比较困难，此时可以通过增加隔震建筑隔震层的等效阻尼比来实现降低整体结构地震响应的目的。增加隔震层的等效阻尼比旨在降低隔震结构各个振型的地震响应。因此，必须保证在Ⅳ类场地土上建造的隔震建筑隔震层的等效阻尼比不小于10%。但等效阻尼比也不宜过大，隔震层过大的阻尼作用可能会减弱隔震效果，在罕遇地震作用下等效阻尼比控制在30%以内为宜。

3 本款规定是为了确保隔震结构在风荷载、微振动和可能的冲击作用下结构的安全性。

4 必须通过计算保证隔震层具备稳定的竖向承载力、可变的水平刚度特性、自动复位能力和阻尼耗能能力。计算所依据的装置参数应由试验得到，并充分考虑装置力学特性的位移相关性和速率相关性。单独设置隔震层耗能装置时，要注意阻尼装置对隔震层自动复位能力的不利影响。

9.1.5 本条说明了隔震设计可以按照抗震性能目标进行设计，即进行基于性能的设计，并进一步明确了性能目标可以是结构的全局指标也可以是一些局部指标，以推广隔震技术的应用。

9.2 隔震支座要求

9.2.1

1 本条主要针对在结构自重及竖向使用荷载长期作用下，可能产生不可恢复压缩变形的橡胶支座。这种变形对橡胶支座的基本力学性能、耐久性等造成不利影响，为此国家标准《橡胶支座 第3部分：建筑隔震橡胶支座》GB 20688.3—2006 第6.3.5条规定:橡胶支座60年徐变量不应超过10%。目前,橡胶隔震支座的徐变性能试验都是在无水平位移情况下进行,而有水平位移情况下的支座徐变性能试验资料很少。对于承受结构自重和竖向使用荷载及水平向使用荷载长期作用下的橡胶支座可能产生不可恢复的永久水平剪切变形,这种永久水平剪切变形会对橡胶隔震支座的水平自动复位能力及耐久性造成不利影响。

2 支座的极限压应力能力应根据橡胶支座的受压稳定要求以及弹性滑板和摩擦摆支座的接触滑动面的聚四氟乙烯材料极限压应力进行计算。目前滑动橡胶支座的滑动副一般为不锈钢板与平面滑板(聚四氟乙烯板或改性超高分子量聚四氟乙烯板)组成,聚四氟乙烯板或改性超高分子量聚四氟乙烯板的抗压设计强度都远大于对橡胶隔震支座的平均压应力限值,且聚四氟乙烯板或改性超高分子量聚四氟乙烯板都有一半以上的厚度要镶嵌在钢板内,即使在橡胶隔震支座竖向平均压应力限值作用下,滑板的竖向压缩变形也较小,因而无需人为降低弹性滑板支座(即滑动型隔震橡胶支座)的平均压应力限值,以提高弹性滑板支座的安全储备。

3 大高宽比结构在强震作用下,支座有产生拉应力的可能。对于橡胶支座而言,支座受拉后内部出现损伤,影响支座的弹性性能。同时,支座出现拉应力意味着上部结构有倾覆风险。对于具有一定抗拉能力的橡胶支座,拉应力限值应控制在1 MPa以内;对于在上海地区Ⅲ类或Ⅳ类建筑场地土上建造的隔震建筑的橡胶隔震支座,拉应力宜不超过0.5 MPa;对于拉应力限值超过规定的橡胶支座或者没有抗拉能力的滑板支座和摩擦摆支座,可以考虑附加支座抗拉装置。抗拉装置的设计应考虑其能提供有效的竖向抗拉能力,不显著影响结构竖向动力特性,同时不应影响支座水平向运动。

4 各类橡胶隔震支座的极限水平变位能力的要求应该是一致的,不再区分是铅芯橡胶隔震支座、普通橡胶隔震支座还是滑动橡胶隔震支座。

5　适量的隔震层耗能能力，有助于减弱上部结构响应以取得良好的隔震效果，同时其能有效限制隔震层产生过大位移。附加阻尼装置建议采用黏滞阻尼器。

9.3　结构分析

9.3.1

1　隔震层的偏心率是隔震层设计中的一个重要指标。当隔震层的刚度中心和上部结构重心不一致时，致使结构的地震作用发生平扭耦合，结构容易发生扭转变形，对结构安全不利。日本建筑学会等研究表明，当隔震层刚度中心与重心一致时，即使上部结构的刚度中心和重心不一致，隔震层的扭转振动效应很小。因此，隔震结构设计时应对隔震层的偏心率进行合理控制。目前，我国相关设计规范尚未对隔震层的偏心问题作出任何规定。日本的相关标准规定隔震系统的偏心率不得大于3%。本标准参照日本标准限制隔震结构在设防烈度地震作用下两个主轴方向的偏心率不大于3%。当偏心率大于3%时，应计入扭转效应的影响。由于摩擦摆支座水平刚度与其承载的竖向重力正相关，故隔震层采用摩擦摆支座有利于隔震层刚度中心和重心重合。对于扭转效应明显的上部结构，建议采用摩擦摆支座进行设计。隔震结构通过设置隔震层，使强震作用下的结构变形集中发生在隔震层，从而减小了上部结构的层间变形，避免了上部结构由于变形能力不足而产生的破坏。合理的隔震设计总是能在实现结构隔震目标的同时将隔震层的变形也控制在建筑设计可接受的范围内。因而，隔震层变形是隔震结构的一个重要控制参数。当隔震结构时程分析所用地震波存在基线漂移，将难以得到正确的隔震层变形。

2　时程分析法宜采用逐步积分法。国内外计算及试验研究表明，近场脉冲型地震对隔震结构不利，且由于脉冲响应的存在，容易使隔震层产生较大相对位移。

9.5 隔震部件材料与施工

9.5.1 隔震装置的性能关系设计和施工,因此需要正确评价。试验分为两种:一种是以能得到设计时必要的设计参数和把握破坏极限性能为目的。另一种是为了确认实际建筑物使用的隔震装置的性能。因此,需要对每个项目的产品进行试验来确认性能。

9.6 耐久性规定

9.6.1 根据使用 100 年的桥梁支座所采用的天然橡胶的调查结果,同时结合加速热老化试验结果证明:天然橡胶支座的耐久性是极高的,无需对隔震支座的维护采取特别的措施,也不需要考虑替换隔震支座。

10　隔震支座的技术性能

10.1　一般规定

10.1.1　隔震层使结构的振动周期加大并远离地震动的卓越周期，增大了结构体系的阻尼。为达到明显的隔震效果，隔震支座需具备竖向承载性能、隔震特性、复位特性及耗能特性等技术性能，并根据试验判断质量是否合格。

10.1.2～10.1.5　隔震支座首先要能承受上部建筑物的重量，并且在竖向荷载作用下不能有过大变形；其次，为了延长结构的振动周期，减小上部结构的加速度反应，水平向需具有充分的柔度；再次，为了使结构衰减，限制结构的位移，还必须有一定的阻尼。因此，隔震支座应具有足够的竖向承载能力和竖向刚度、小的水平刚度和适当的阻尼衰减特性等。此外，建筑物的设计使用年限为 50 年或者更长时间，在此期间，隔震支座应能保持正常使用特性，故还应具有耐久性、耐火性及其他相关特性。

10.1.6～10.1.9　为了确保隔震的效果，隔震支座的性能参数应严格检验。按照现行国家标准《橡胶支座　第 3 部分：建筑隔震橡胶支座》GB 20688.3 的规定，橡胶支座产品在安装前应对工程中使用的各种类型和规格的原型部件进行抽样检验，其要求是：采用随机抽样方式确定检测试件。若有 1 件抽样的一项性能不合格，则该次抽样检验不合格。对一般建筑，每种规格的产品抽样数量应不少于总数的 20%。若有不合格，应重新抽取总数的 50%；若仍有不合格，则应 100%检测。一般情况下，每项工程抽样总数不少于 20 件，每种规格的产品抽样数量不少于 4 件。

10.2 叠层橡胶支座

10.2.1,10.2.2 第一形状系数 S_1 主要体现薄钢板对橡胶板的约束能力,第二形状系数 S_2 主要反映橡胶支座在受压时的稳定性。

10.2.3 叠层橡胶支座必须能长期承受竖向荷载,且在竖向荷载作用下,支座不会发生大的竖向变形及失稳。无论普通型还是铅芯叠层橡胶支座,其竖向性能基本相同,因为铅芯不承担压力。

10.2.4 橡胶支座除在竖向承担荷载外,水平向还应有足够小的刚度。水平刚度表示支座水平向的变形能力,水平刚度越小,支座的水平变形越大。支座的水平刚度与橡胶的硬度、支座类型及形状有关。滞回曲线的形状和面积反映了支座的耗能能力,滞回环越丰满,面积越大,耗能越大,阻尼也越大;等效阻尼比反映了滞回环的面积大小。

10.2.5 支座大剪应变时的稳定性验算,见现行国家标准《橡胶支座　第 3 部分:建筑隔震橡胶支座》GB 20688.3 附录 E 和附录 F。

10.2.6～10.2.7 叠层橡胶支座的竖向极限拉应力远小于竖向极限压应力。在设计时,应尽量避免叠层橡胶支座出现受拉的情况;如果不能避免,应保证拉应力小于支座的竖向极限拉应力。

10.3 弹性滑板支座

10.3.1～10.3.8 弹性滑板支座应能够承受结构的重力并且不产生大的蠕变,能够抵抗非地震力,如风振力及温度变形。滑板支座的水平刚度一般较低,或者采用其他的办法以减少建筑结构的自振频率。弹性滑板支座应能够承受地震作用产生的水平向大位移,同时能够承受结构的重力荷载,抵抗地震产生的竖向压力。滑板支座需要配套阻尼器,以减少地震下的位移,起到耗能效果。弹性滑板支座的设计和制造应能够满足由于地震而产生结构的水平运动和扭转运动，同时能够安全地承受由于结构自重及地震作用等产生的竖向压力。在设计时，应从功能机构上进行调整以适应特定的环境要求。当支座应用于特定环境和实验环境中时，例如浸泡在水中、暴露在油中或化学药品中、安装在容易引发火灾的区域等，应针对特定的安装条件增加额外的保护设备(参照标准 BS EN 1337—9)。

10.4 摩擦摆支座

10.4.1～10.4.9 摩擦摆支座利用一个曲面滑块提供隔震功能，并通过钟摆的特性来增加隔震结构的自振周期。曲面滑块中主要滑块的弯曲面，通过水平位移量提供一个回复力，并由曲面之间的摩擦消耗能量。结构的转动运动通过第二个曲面进行调整。上述条款照样也适用于双凹曲面滑块。曲面滑块显著的特征就是非线性，从而引发结构动态系统的非线性和能量消耗。在结构模型中应考虑上述特征[参照 BS EN 15129:2009 的 4.5 和 EN 1998—1:2004 中的 10.9.7(5)]。

10.4.10 试验后，支座不能损坏，且曲面滑块的第一和第二曲面不能因机械阻力不足等产生滑动和恶化现象。正常使用情况下，第一曲面的滑动材料同时作为承压材料，因此有必要验算其在大震下的稳定性。

10.4.11 为了防止当位移量达到 $\gamma_b d_{Ed}$ 时由于刚性部件之间的冲击对支座造成破坏，支座不应包括任何作为限位装置的机械部件。

10.4.12 在曲面滑块中，平移运动包括第二曲面中产生的转动运动。这部分只适用于转动能力的设计，而不能应用于计算荷载。

10.4.13 静摩擦阻力是在第一次运动中产生宏观运动的最大力(参照 EN 1337—2:2004 的 3.2.3)，并在隔震支座、锚固系统和相邻结构构件的设计中加以考虑。隔震支座可以包括限位装置，用于消除风或其他外部荷载在一个或所有方向上引起的运动，并在地震时释放限位装置以自由运动。

10.4.14 动摩擦系数的上下限值应用于隔震系统的设计和验证，同样也适用于结构的动态分析。

10.5 橡胶隔震支座力学性能检验与参数确定

10.5.1 温度对橡胶支座的水平刚度有较大影响，随着温度升高，水平刚度降低，等效黏滞阻尼比降低。故应考虑橡胶支座的水平刚度和等效黏滞阻尼比与温度之间的相关性，并用相关性能的参数表示。

11 隔震结构设计

11.1 一般规定

11.1.1～11.1.5 隔震结构通过设置隔震层，使强震作用下的结构变形集中发生在隔震层，从而减小了上部结构的层间变形，避免了上部结构由于变形能力不足而产生的破坏。合理的隔震设计总是能在实现结构隔震目标的同时将隔震层的变形也控制在建筑设计可接受的范围内。因而，隔震层变形是隔震结构的一个重要控制参数。当隔震结构时程分析所用地震波存在基线漂移时，将难以算得正确的隔震层变形。

11.2 隔震层布置

11.2.2～11.2.3 为保证隔震支座及上部结构的安全性，对隔震支座的布置构造、受拉承载力和受压承载力作出规定。关于隔震层水平刚度和等效黏滞阻尼比的计算方法，是根据振动方程的复阻尼理论得到。其实部为水平刚度，虚部为等效黏滞阻尼比。

11.2.4 隔震后，隔震层以上结构的水平地震作用可根据水平向减震系数确定。对于多层结构，层间地震剪力代表了水平地震作用取值及其分布，可用来识别结构的水平向减震系数。

11.2.6 橡胶支座随着水平剪切变形的增大，其容许竖向承载能力将逐渐减小。为防止隔震支座在大变形下失去承载力，故作出限值规定。

11.2.7 在多遇地震下，隔震支座产生的水平恢复力要大于隔震支座水平屈服荷载，即隔震支座屈服后，仍应有足够大的恢复力以避免显著的残余变形，有能力承受余震和未来再次发生的地震作用。

11.2.8 根据橡胶隔震支座抗拉屈服强度低的特点，需限制非地震作用的水平荷载，结构的变形特点需符合剪切变形为主且房屋高宽比小于 4 或国家现行有关标准对非隔震结构的高宽比限制要求。具体规定如下：

高宽比大于 4 的结构，小震下基础不应出现拉应力；砌体结构，6、7 度不大于 2.5，8 度不大于 2.0，9 度不大于 1.5；混凝土框架结构，6、7 度不大于 4，8 度不大于 3，9 度不大于 2；混凝土抗震墙结构，6、7 度不大于 6，8 度不大于 5，9 度不大于 4。

对高宽比大的结构，需进行整体倾覆验算，防止支座压屈或出现拉应力超过 1 MPa。

11.4 隔震层上部结构

11.4.2 隔震后，隔震层以上结构的水平地震作用可根据水平向减震系数确定。对于多层结构，层间地震剪力代表了水平地震作用取值及其分布，可用来识别结构的水平向减震系数。

考虑隔震层不能隔离结构的竖向地震作用，隔震结构的竖向地震力可能大于其水平地震力，竖向地震的影响不可忽略，故至少要求 8 度且水平向减震系数不大于 0.3 时应进行竖向地震作用验算。

11.5 隔震层下部结构

11.5.1 对隔震层以下的结构部分，主要设计要求是保证隔震设计能在罕遇地震下发挥隔震效果。因此，需进行与设防地震、罕遇地震有关的验算，并适当提高抗液化措施。

12 隔震支座连接与构造

12.1 一般规定

12.1.1 为了保证隔震层能够整体协调工作，隔震层顶部应设置平面内刚度足够大的梁板体系。当采用装配整体式钢筋混凝土楼盖时，为使纵横梁体系能传递竖向荷载并协调横向剪力在每个隔震支座的分配，支座上方的纵横梁体系应为现浇。为增大隔震层顶部梁板的平面内刚度，需加大梁的截面尺寸和配筋。

隔震支座附近的梁、柱受力状态复杂，地震时还会受到冲切，应加密箍筋，必要时配置网状钢筋。

12.1.2～12.1.3 隔震层上部结构的底部剪力通过隔震支座传给基础结构。因此，上部结构与隔震支座的连接件、隔震支座与基础的连接件应具有传递上部结构最大底部剪力的能力。

12.2 预埋件计算

12.2.1～12.2.2 根据“强节点，弱构件”的思想，预埋件应按罕遇地震验算其强度。

12.3 隔震部件与结构连接的构造要求

12.3.1 采用柔性连接的设备配管、配线，地震时管道的柔性连接部位不应发生破坏，避免发生次生灾害和丧失使用功能。

燃气、给水等类型管道柔性连接地震时不应发生破坏，避免重要功能丧失或引发火灾等次生灾害。

隔震建筑中穿越隔震层的燃气、有害介质等管道，如果柔性连接措施不到位，地震时发生破坏，将会造成介质泄漏，引发火灾、爆炸等严重的次生灾害，后果严重。因此，对于该类型管道的柔性处理措施进行强制性规定，必须采用柔性接头或柔性连接段等可靠性高的处理措施，保证地震时隔震建筑的管道能够发挥正常使用功能。

具有足够伸展长度的柔性管线在地震时能够不阻碍隔震层水平运动，同时不会发生破坏而导致次生灾害的发生。

确保地震时，水平隔震缝不会阻碍隔震建筑上部结构的相对自由水平运动。

隔震层的上、下部结构之间应按照设计要求设置完全贯通的水平隔震缝，并采用柔性材料进行填充。在地震时，才能保证隔震建筑的正常使用功能。在施工过程中，往往忽视水平隔震缝的处理，不能保证完全贯通或密闭采用刚性材料封死等情况。缝高的高度要求是为了防止支座沉降或构件变形导致隔震层的上、下部结构相互接触，而对建筑物的安全带来隐患。因此，必须强调水平隔震缝完全贯通的问题。

确保地震时，竖向隔震缝不会阻碍隔震建筑上部结构的相对自由水平运动。

竖向隔震缝，也称为隔震沟。设置一定宽度的隔震沟，对于隔震作用发挥至关重要。如设置不满足要求，将在地震或罕遇地震时上部结构与周边建筑或阻碍物发生碰撞，产生破坏冲击力，限制隔震效果发挥，甚至危及建筑物安全。施工过程中，常常发生隔震沟宽度预留不足或空间被填充封死。施工过程中必须保证隔震沟宽度和空间清空，并进行重点检查。

工程实践中，门厅入口、楼梯扶手等细部措施容易忽略，地震时会导致破坏，影响人员疏散。

13 隔震部件安装施工、验收和维护

13.1 一般规定

13.1.1～13.1.6 大部分施工单位技术人员对隔震技术都不熟悉，因此必须进行深入技术交底，编制建筑隔震工程专项施工方案，经审查批准后报监理单位(建设单位)审批后方可组织实施。设计变更须经设计单位确认，必要时经施工图审查机构确认后实施。

建筑隔震工程是通过在建筑物的基础和上部结构之间设置水平方向完全断开的隔震层，将建筑物分为上部结构、隔震层和下部结构三部分。平时支座支承上部结构，地震时隔震层(包括上部结构)与地面发生水平向相对位移。地震能量经由下部结构传到隔震层，大部分被隔震装置隔断或吸收，仅有少部分传到上部结构，从而大大减轻地震作用，提高建筑抗震性能甚至保证震后建筑物使用功能。

建筑隔震工程的隔震层通常由支座和阻尼器以及其他相关构件组成。建筑隔震工程作为上部结构的一部分，不同于电梯设备安装等，应作为主体结构分部工程的子分部工程进行施工和验收。其主要分项工程包括支座和阻尼器安装。

13.2 进场验收

13.2.1～13.2.4 产品在进场时应具有质量合格证。

支座和阻尼器进场时，应由厂家提供产品的出厂检验报告和型式检验报告，且应符合现行国家标准《橡胶支座　第3部分：建筑隔震橡胶支座》GB 20688.3和现行行业标准《建筑消能阻尼器》JG/T 209及设计文件的规定。其他必要证明文件包括业主要求提供的产品认证证书等。

建筑隔震工程的参建各方应联合对支座、阻尼器及其连接件、预埋件等进行进场验收。

13.2.5　支座作为支承上部结构和地震时发挥隔震作用的关键结构元件，必须严格进行现场检验。其中，剪切性能要求对试验加载最低频率进行专门规定，以保证试验检测结果具有实用价值。相关标准编制时国内试验条件尚不具备，未对频率作强制性要求或要求过低(仅为0.001 Hz)，与支座地震时工作状态相差甚远。日本相关规定为不低于0.3 Hz，即考虑隔震周期不低于3 s。考虑现在国内试验条件和高层建筑隔震应用时，隔震周期常常大于3 s，为保证试验具有实际验证作用，特提出压剪试验加载频率的明确规定。另外，水平极限变形能力是检测支座在较大地震时能否可靠有效发挥作用的重要指标，同时也是检验支座生产质量控制能力的关键性指标，亦作明确要求，以区别于出厂检验要求，并对支座性能进行高标准复检。

13.2.6　阻尼器作为建筑隔震工程的主要耗能元件，同支座共同工作，保证建筑物的安全性，应进行现场见证检验。阻尼器进场时应提供制作偏差等数据，材料的品种、规格和性能指标尚应符合现行行业标准《建筑消能阻尼器》JG/T 209及设计文件中的规定。

13.3　安　装

13.3.1　支座下支墩(柱)和下连接板安装是建筑隔震工程施工的难点和重点。关键是下连接板的定位和板下混凝土浇筑质量。下支墩(柱)的节点处钢筋密集，常与下连接板的套筒或锚筋位置冲突，施工方案须充分研究。必要时与设计人员沟通，根据现场和实际情况，出具设计变更文件。为保证混凝土浇筑质量和支座密贴，建议采用二次浇筑法并且第二次浇筑的支座下混凝土强度宜提高一个等级。

13.3.3 本条规定了支座相邻上部结构施工的基本要求。支座相邻上部结构的模板和混凝土工程施工时，混凝土的振捣可能导致支座发生变形，隔震层发生水平位移，对隔震建筑的施工及使用是不利的。因此，应对隔震层采取临时固定措施，不应发生水平位移。

13.3.5 根据现行行业标准《钢结构高强度螺栓连接技术规程》JGJ 82 的规定，高强螺栓应对称拧紧，拧紧过程分为初拧、复拧和终拧三个阶段，并在 24 h 内完成。复拧扭矩等于初拧扭矩，初拧扭矩宜为终拧扭矩的 50%。高强螺栓施拧采用的扭矩扳手和检查采用的扭矩扳手必须经过标定，并在每班作业前，均应进行校正，其扭矩误差应分别为使用扭矩的 5%和 3%。

13.3.9 施工过程和质量验收所使用的计量器具，应按照计量法的要求定期到技术监督局授权的计量检定机构进行鉴定，以保证所测数据准确性和有效性。每次测量前还应对各类仪器设备进行校验和检查，确保仪器状态正常。

13.4 施工质量验收

13.4.1 由于隔震技术的特殊性，隔震构造与传统抗震构造有较大区别，为保证隔震工程质量，应要求隔震设计、咨询单位全程跟踪。

13.4.3 隔震子分部工程通过验收后，尚可能有上部结构施工、设备安装、室外工程等有其他分部(子分部)的后续工程。如果后续工程实施时处理不当，可能会发生如竖向隔震沟填充、水平隔震缝堵塞、柔性连接破坏等情况，导致隔震缝和柔性连接措施不能正常发挥使用，造成较大安全隐患。因此，强调在建筑隔震工程上部结构验收和竣工验收中，各方尚应对隔震缝和柔性连接等按照相关要求进行验收检查。

13.4.4 支座的型号、数量、安装位置涉及隔震建筑日常使用和震时安全，不允许出现任何偏差。

支座下支墩（柱）是隔震层的重要构件，不应出现蜂窝、麻面等缺陷。在混凝土浇筑完毕拆模后，当出现蜂窝、麻面时，应及时采取处理措施进行修补。

13.4.5 阻尼器的型号、数量、安装位置涉及隔震建筑震时安全，不允许出现任何偏差。

实际阻尼器项目验收过程中，发现有施工单位安装时不注意，活塞杆上有污染物甚至混凝土，一方面会影响活塞杆伸缩，另一方面严重时会破坏密封导致渗漏。

13.4.6 设计文件应明确要求穿越隔震层的重要管道应采用柔性连接或柔性连接段进行连接。施工前应检查柔性连接或柔性连接段的质量和性能保证书以及必要的试验证明报告，确认其满足设计文件的水平位移要求。

13.4.7 设计文件应明确要求设置完全贯通的、具有一定高度的水平隔震缝以及一定宽度的竖向隔震缝。施工时应精心处理，验收时可通过观察、检查施工记录、塞尺测量、米尺量测等手段检查是否满足相关设计要求，确认地震时上部结构的相对水平变形不受阻碍。

13.5 维 护

13.5.1 隔震建筑应设置标识，描述隔震建筑的功能及其功能发挥的特殊性，提醒业主及其他人员对隔震层支座、阻尼器及隔震构造的维护。隔震建筑的标识设置应符合下列规定：

1 标识应醒目。

2 标识内容应简单明了。

3　标识设置宜统一，并具有警示作用。

13.5.2　本条提出了隔震建筑标识的具体内容及位置。

1　门厅入口处的标识应注明隔震产品的型号、规格以及功能、特性等，并简要描述其特殊使用要求。

2　水平隔震缝处的标识应注明当地震来临时在隔震缝处的楼梯会发生滑动，勿在滑动范围内堆放能阻止楼梯滑动的物体，且提醒行人在地震来临时注意。

3　在建筑物周围的竖向隔震缝处的标识应注明地震时建筑将在该范围内移动，禁止往隔震沟倾倒垃圾、堆放杂物等，并且周围停放物应与建筑物保持一定的避让距离，避免地震时发生碰撞。

附录 A　消能构件减震设计要点

A.0.1　消能构件承载部分一般由金属类材料制成，其制作一般限于结构构件制作工艺，故制作成本较低，这也导致其延性与耐疲劳特性低于金属消能器。

消能构件减震设计是指在结构中设置消能构件，通过合理设计实现预期的减震要求，主要包括：①通过设置消能构件提高结构在多遇地震作用下的抗侧刚度和抗侧承载能力；②通过消能构件在设防及以上地震作用下屈服消耗地震输入能量，减轻地震作用；③通过消能构件调整结构的抗侧刚度分布，减小结构抗侧刚度分布不规则引起的地震作用内力突变和减小扭转变形；④通过消能构件先于结构关键部位、结构的关键部件、重要构件等屈服起到保护主体结构的作用。

消能构件主要用于承担结构水平作用，因此在设计和施工中需要避免其参与承担竖向荷载。消能构件在 50 年一遇标准风荷载和多遇地震作用下应保持弹性。

A.0.2　要求消能构件先于与其相邻构件屈服原则宜看作为一种性能目标要求，可以根据结构的特点确定。例如：

1　结构加强层或腰桁架的斜腹杆宜采用消能构件，并应满足中震不屈服的要求。

2　当钢-混凝土混合结构中框架部分的刚度不足时，宜在框架中设置消能构件，并允许消能构件在设防地震作用下发生屈服。

3　当结构抗扭转刚度不足时，可设置消能构件提高结构的抗扭刚度，并且消能构件在设防地震作用下不屈服。

4　对强连接的连体结构，连体结构跨中的斜腹杆宜设置消能构件，并允许消能构件在设防地震作用下发生屈服。

A.0.5 消能构件可以结合消能器一起使用，共同消耗输入结构的地震能量，可以布置在结构的不同部位，也可以布置在结构同一部位，在同一个构件中实现。

A.0.6 在 1/150、1/100、1/75、1/50 的层间位移角相应的消能构件的位移幅值下往复循环各 3 圈，为的是满足以下两种需求包络值：

1）最大层间位移角需求：为保证建筑结构在罕遇地震作用情况下结构不发生倒塌，现行国家标准《建筑抗震设计规范》GB 50011 规定了罕遇地震作用下建筑结构的最大楼层变形不能超过层高的 1/50。因此，为保证消能构件在罕遇地震作用下充分发挥消能减震作用，须能够在结构发生 1/50 层高的层间变形时不失效。

2）累积塑性变形需求：金属在往复荷载作用下会发生低周疲劳破坏。据相关统计，在一次大震作用下，结构发生的累积塑性变形量，按照美国地震记录分析一般不超过构件初始屈服变形的 200 倍，按照中国地震记录分析一般不超过构件初始屈服变形的 300 倍。因此，美国抗震规范要求消能构件在地震作用下需满足累积塑性变形大于 200 倍初始屈服变形的要求。而在 1/150、1/100、1/75、1/50 的层间位移角相应的消能构件的位移幅值下往复循环各 3 圈，可满足 300 倍初始屈服变形的要求，即可确保消能构件在一次大震作用下不发生低周疲劳破坏。

附录 B　黏滞消能器性能检测

B.0.1　型式检验为厂家生产该规格黏滞消能器的能力检验，特定规格的型检应覆盖的检测内容如表 4 所示。

表 4　型检覆盖内容

型检报告中的参数	最大阻尼力 F	最大速度 V	指数 α
可覆盖的生产能力	$\leqslant F$	$\leqslant V$	指数的生产能力，以 0.1、0.2……依次划分，型检报告中可覆盖的为 α 至上一档的规格（不含）

以型式检验报告中黏滞消能器的最大阻尼力为 1 000 kN，最大速度为 400 mm/s，指数 0.2 为例，表示该厂家具有生产最大阻尼力不大于 1 000 kN、最大速度不大于 400 mm/s，指数 $0.2\leqslant\alpha<0.3$ 的黏滞消能器的能力。

附录C 金属消能器、BRB与消能构件力学性能检验

本标准将消能器粗略划分为三类，第一类称为金属消能器，第二类称为屈曲约束支撑(BRB)，第三类称为消能构件。三类消能器划分的区别主要是体现在其力学性能参数的差异，即延性系数大小和经受重复变形的能力。金属消能器要求满足30周往复循环加载疲劳试验其设计延性系数不小于12，即满足 $\mu_d \geqslant 12$。BRB要求其设计延性系数满足 $\mu_d \geqslant 6$，且满足30周往复循环加载疲劳试验要求。把设计延性系数 $\mu_d \leqslant 6$，且至少满足6周往复循环加载疲劳试验要求的金属屈服型消能器统称为消能构件。金属消能器与BRB耗能效果可以通过计算分析得到所谓附加有效阻尼比，附加了这两类消能器的减震结构在多遇地震下强度验算的振型反应谱法求解地震作用时，可以增加这种附加有效阻尼比的效应，而消能构件则不能计及这种效应。消能构件的耗能减震效果只能是在罕遇地震作用下结构弹塑性分析时采用适当的计算单元模型来考虑。

本附录的滞回曲线测试要求是根据目前广泛使用的结构弹塑性分析软件中消能器单元力学参数要求制定的，即基本假定可采用等强硬化的双线性模型，或随动模型。当需要更复杂的单元力学参数时，如需要使用 Ramberg-Osgood(简称 R-O 模型)时，则试件试验要求还应补充骨架曲线参数。